essentials

essentials liefern aktuelles Wissen in konzentrierter Form. Die Essenz dessen, worauf es als „State-of-the-Art" in der gegenwärtigen Fachdiskussion oder in der Praxis ankommt. *essentials* informieren schnell, unkompliziert und verständlich

- als Einführung in ein aktuelles Thema aus Ihrem Fachgebiet
- als Einstieg in ein für Sie noch unbekanntes Themenfeld
- als Einblick, um zum Thema mitreden zu können

Die Bücher in elektronischer und gedruckter Form bringen das Expertenwissen von Springer-Fachautoren kompakt zur Darstellung. Sie sind besonders für die Nutzung als eBook auf Tablet-PCs, eBook-Readern und Smartphones geeignet. *essentials:* Wissensbausteine aus den Wirtschafts-, Sozial- und Geisteswissenschaften, aus Technik und Naturwissenschaften sowie aus Medizin, Psychologie und Gesundheitsberufen. Von renommierten Autoren aller Springer-Verlagsmarken.

Weitere Bände in der Reihe http://www.springer.com/series/13088

Stephan Kober

Digitalisierung im B2B-Vertrieb

Ergebnisse verbessern mit digitalen Tools – Impulse zur Entscheidung und Umsetzung

Springer Gabler

Stephan Kober
Erwitte, Deutschland

ISSN 2197-6708 ISSN 2197-6716 (electronic)
essentials
ISBN 978-3-658-30682-3 ISBN 978-3-658-30683-0 (eBook)
https://doi.org/10.1007/978-3-658-30683-0

Die Deutsche Nationalbibliothek verzeichnet diese Publikation in der Deutschen Nationalbibliografie; detaillierte bibliografische Daten sind im Internet über http://dnb.d-nb.de abrufbar.

Planung/Lektorat: Manuela Eckstein
Springer Gabler ist ein Imprint der eingetragenen Gesellschaft Springer Fachmedien Wiesbaden GmbH und ist ein Teil von Springer Nature.
Die Anschrift der Gesellschaft ist: Abraham-Lincoln-Str. 46, 65189 Wiesbaden, Germany

Was Sie in diesem *essential* finden können

- Einen komprimierten Überblick über die rasante Entwicklung und Anwendungsmöglichkeiten digitaler Tools im B2B-Vertriebsaußendienst
- Die Gründe, warum diesem Thema für jede B2B-Vertriebsorganisation höchste Priorität zusteht
- Welcher Nutzen Ihnen, Ihren Kunden und Ihrem Unternehmen bei der durchdachten Kombination der Möglichkeiten entsteht
- Konkrete Ansätze zur pragmatischen Vorgehensweise bezüglich Auswahl und Implementierung der für Sie und Ihr Unternehmen relevanten digitalen Technologien

Vorwort

Den schwarzen Bildschirmhintergrund, die grüne Schrift und einen 24-Nadeldrucker, der auf vierfachem Durchschlagpapier Informationen lautstark in das Papier stanzt, kennen viele noch aus früheren Zeiten. So lange ist es noch nicht her, dass ich ein ähnliches „Equipment" in einem mittelständischen Unternehmen vorfand – ein unrühmliches Beispiel dafür, wie sträflich einige Unternehmen die Digitalisierung im B2B-Vertrieb regelrecht verschlafen (haben).

Nicht nur diese analogen Anachronisten lassen die enormen Möglichkeiten der Effizienzsteigerung durch digitale Hilfsmittel an sich vorbeiziehen. Auch viele Unternehmen im „digitalen Mittelmaß" scheuen die intensive Beschäftigung mit diesem Thema, sei es, weil sie den zeitlichen und pekuniären Aufwand scheuen oder weil sie schlicht mit der Vielzahl der Möglichkeiten überfordert sind und den Wald vor lauter Bäumen nicht mehr sehen. Auch diese Unternehmen werden – insbesondere durch den Digitalisierungsbeschleuniger „Corona" – ihr böses Erwachen erleben. Dies geschieht an mehreren Fronten. Kunden erwarten mehr und mehr schnelle, transparente und problemlösende Prozesse. Herausragende Vertriebsmitarbeiter sehen mittlerweile ein zukunftssicheres IT-Equipment nicht mehr als nettes Beiwerk, sondern als Grundvoraussetzung an, um mit Unternehmen an der Erreichung der Vertriebsziele zu arbeiten. Schlechte Prozesse, nervenaufreibende und zeitaufwendige Berichterstattungen sowie effizienzfressende Handwerkszeuge im Verkauf sind bei Top-Verkäufern nicht selten ein gewichtiger Grund, den Arbeitgeber zu wechseln – hin zu den virtuellen Vorreitern.

Für die digitalen Durchstarter im B2B-Vertrieb dagegen ergeben sich hochinteressante Möglichkeiten der effizienten Markterschließung, was ich in diesem Essential mit Zahlen, Daten und Fakten belegen werde. Kommen Sie im Sinne dieses Buches mit auf eine schnelle, effiziente und pragmatische Darstellung der Möglichkeiten, um mit Ihrem Vertrieb (weiterhin) der digitalen Elite anzugehören.

Stephan Kober

Inhaltsverzeichnis

1 Die Digitalisierung ist unausweichlich ... 1
1.1 Digitalisierung – Obligation statt Option ... 3
1.2 Tempo der Digitalisierung ... 5

2 Digitale Möglichkeiten im Vertrieb ... 7
2.1 Verzahnung von Marketing und Vertrieb ... 9
2.2 Interessierten Kunden auf der Spur ... 11
2.3 Content Marketing mit Unternehmensblog ... 12
2.4 Podcasts einfach machen ... 13
2.5 Einsatz von Videos ... 14
2.6 Webinare/Online-Seminare ... 16
2.7 Virtuelle Kundenmessen ... 18
2.8 Chatbots ... 18

3 Das CRM-System ... 21

4 Digitale Kundenkommunikation ... 27
4.1 Der virtuelle Kundentermin ... 27
4.1.1 Das Equipment ... 27
4.1.2 Vorbereitung des Webmeetings ... 30
4.2 Der Kundentermin „vor Ort“ ... 32
4.2.1 Die Terminabstimmung ... 32
4.2.2 Die Terminvorbereitung ... 33
4.2.3 Der Termin beim Kunden ... 33
4.2.4 Die Terminnachbereitung ... 34
4.3 Social Media (Xing/LinkedIn) ... 35
4.4 Online-Zufriedenheitsabfragen ... 36
4.5 Verkäuferspezifische E-Mail-Verteiler ... 37

5 Weiterbildungsmöglichkeiten und Selbstmanagement . . . 39
5.1 Weiterbildung . . . 39
5.2 Selbstorganisation . . . 42

6 Zurück in die Zukunft – was noch kommt und wie die Umsetzung gelingt . . . 43
6.1 Vergessen Sie die perfekte Lösung . . . 43
6.2 Startklar für die Praxis . . . 44

7 Empfehlungen für die Technik-Auswahl . . . 47

8 Das Wichtigste in wenigen Sätzen . . . 51

Literatur . . . 55

Über die Autoren

Stephan Kober ist selbstständiger Vortragsredner, Vertriebstrainer und Silber-Preisträger des Europäischen Preises für Training, Beratung und Coaching 2015/2016 (BDVT). Zu seinen Kunden zählen Mittelständler, Weltmarktführer sowie TecDAX-Unternehmen. Er hat zwei akademische Abschlüsse (Betriebswirt/VWA und Master of Business Administration an der University of Surrey). Zudem ist er bei der Freiwilligen Feuerwehr tätig, üblicherweise auf der Position des „Angriffstruppführers" – was seine Kunden, Zuhörer und Leser bei seiner Tätigkeit als Key Note Speaker, Vertriebstrainer und Autor auch spüren.Was er ehrenamtlich löscht, entzündet er im Vertrieb: Feuer!

Kontakt:
sk@koberaktiviert.de
https://www.koberaktiviert.de

Die Digitalisierung ist unausweichlich 1

Viele Studien sprechen eine eindeutige Sprache. Vertriebserfolg hängt zukünftig noch mehr von der erfolgreichen Digitalisierung ab, als es bisher der Fall war. Mehr noch: digitale Hinterwäldler werden in naher Zukunft bezüglich des Verhältnisses zwischen Vertriebskosten und Umsatz aufgrund mangelnder Vertriebseffizienz nicht mehr wettbewerbsfähig sein. Grund genug, sich dem Thema intensiv und unverzüglich zu widmen, ganz gleich, wie gut Sie sich heute bereits aufgestellt fühlen. Die Corona-Thematik hat der B2B-Vertriebswelt in Windeseile vor Augen geführt, welche Optionen im Rahmen der digitalen Kundenkommunikation bestehen, weil sie unverzichtbar wurden: Außendienstbesuche und persönliche Treffen mit Kunden waren über mehrere Wochen nicht oder nur eingeschränkt möglich. Die Arbeitswelt sah sich quasi über Nacht vor die Herausforderung gestellt, Prozesse remote und Geschäfte von Homeoffice zu Homeoffice bewerkstelligen zu müssen.

Dieses essential soll Sie von der unabdingbaren Notwendigkeit der Digitalisierung im B2B-Vertriebsaußendienst überzeugen. Ich werde Effizienzpotenziale rechnerisch umreißen, die häufig vorhandenen internen Hürden darstellen und Lösungsansätze anbieten, um diese Hürden zu überwinden. Sie werden einen Überblick über die derzeit verfügbaren sinnvollen Optionen zu Digitalisierung im Vertriebsaußendienst erhalten und lesen, wie diese in der Praxis angewendet werden können. Mein Ziel ist es nicht, die perfekte Lösung in allen Vertriebsorganisationen einzufordern, sondern Wege zu schnell erreichbaren Meilensteinen aufzuzeigen, damit Sie in Ihrer Branche neue Maßstäbe setzen können.

Wer bei der Digitalisierung zu zaghaft agiert, wird zukünftig nicht mehr wettbewerbsfähig sein, weil die Vertriebskosten nicht mehr im Verhältnis zum Umsatz stehen. Maßvolle Digitalisierung ist deshalb mittlerweile keine Option mehr, sondern unumgänglich.

S. Kober, *Digitalisierung im B2B-Vertrieb,* essentials,
https://doi.org/10.1007/978-3-658-30683-0_1

Den Beruf des Verkäufers[1], früher „Kaufleute" genannt, gibt es bereits seit Jahrhunderten. Im 13. Jahrhundert führte es beispielsweise den sogenannten „wandernden Kaufmann" über beschwerlich beschaffene Wege und das, was man damals „Straßen" nannte zu Messen und Kunden. Sie fuhren oder wanderten zum Kunden, boten ihre Waren feil und wickelten Geschäfte ab (Le Goff und Weinert 2009).

An dieser Grundstruktur hat sich bis heute nicht viel geändert. Der durchschnittliche Verkäufer im Außendienst (im Folgenden VAD abgekürzt) legt pro Jahr ca. 40.000 km zurück (Winkelmann 2013). Die durchschnittliche gefahrene Geschwindigkeit liegt erschreckend niedrig bei 42,2 km/h (ADAC 2010). Selbst wenn wir annehmen, dass ein Außendienstler tendenziell mehr auf Autobahnen unterwegs ist und sich damit seine Durchschnittsgeschwindigkeit erhöht, kommen wir mit einer simplen Dreisatzrechnung bei 80 km/h auf 500 Stunden pro Jahr, die diese Person in einem Pkw verbringt. Und dabei sind alle anderen Tätigkeiten rund um den PKW noch nicht inbegriffen. Beispielsweise hat Reinhold Würth ausgerechnet, dass 2 % der Arbeitszeit nur fürs Tanken verschwendet würden. Bei seinen 32.000 Mitarbeitern würden 2 % umgerechnet bedeuten, dass 660 Mitarbeiter nur fürs Tanken bezahlt würden (Riering 2015).

Der Außendienst fährt also zu seinen Kunden, unterbreitet sein Angebot und wickelt Geschäfte ab. So viel scheint sich also in den letzten Jahrhunderten nicht geändert zu haben. Doch auch hier hilft eine differenzierte Betrachtung. Wir sprechen auf der einen Seite von Unternehmen, die schon längst verstanden haben, dass die Digitalisierung im B2B-Vertriebsaußendienst keine zu diskutierende Option ist, sondern überlebensnotwendige Obligation. Diese Unternehmen nutzen häufig auch schon viele der vorhandenen digitalen Möglichkeiten. In einer Studie wurden 2745 Vertriebsverantwortliche im B2B-Umfeld befragt, wie umfassend die Digitalisierung in ihrem jeweiligen Unternehmen betrieben wird. 58 % (!) antworteten, dass der Aufbau digitaler Aktivitäten entweder keiner Strategie folge, die Digitalisierung im Vertrieb nicht forciert werde oder sie schlicht und ergreifend nicht wüssten, wie es um die Digitalisierung im eigenen Vertrieb und Verkauf bestellt sei (Lässig et al. 2015). Lassen Sie uns der Sache auf den Grund gehen.

---

[1]Sie finden hier als Schreibweise die männliche Form, weil es mir im Schreibfluss leichter fällt. Es fühlt sich bitte jedes Geschlecht gleichermaßen angesprochen.

1.1 Digitalisierung – Obligation statt Option

Wer im Vertrieb arbeitet, weiß, dass prinzipiell nahezu alles von außen als „höchste Priorität" herangetragen wird. Also gilt es zunächst zu eruieren, ob wir wirklich von einem enorm wichtigen Thema sprechen. Lassen Sie mich dazu einige Zahlen und Zitate nennen.

Status quo der Digitalisierung im Vertrieb

- 60 % der befragten Vertriebsentscheider gaben in der erwähnten Studie an, „dass die Digitalisierung des Vertriebs künftig in ihrer Branche ausschlaggebend für den Geschäftserfolg sein wird." (Lässig et al. 2015, S. 4).
- Entscheider, die älter als 35 Jahre sind, suchen überwiegend traditionell nach Informationen oder Ratschlägen, nur etwa ein Fünftel nutzt dafür zum Beispiel soziale Medien.
- Jüngere Entscheider bis zum Alter von 35 Jahren nutzen heute bei ca. 50 % der Rechercheaktivitäten das Internet, um relevante Informationen zu finden. Das ist das Ergebnis der benanten Studie, ich persönlich glaube fest daran, dass diese Zahl, spätestens nach der Corona-Krise, noch deutlich höher ist. Somit wird die Schere zwischen der Nutzung herkömmlicher Kommunikation und neuen Medien noch weiter auseinandergehen (Binckebanck und Elste 2016).
- Der Mix aus digitaler und nicht-digitaler Kommunikation ist entscheidend. Kunden im B2B-Umfeld wünschen sich die Kombination aus relevanten digital verfügbaren Informationen und dem persönlichen Kontakt mit dem Verkäufer (Angevine et al. 2018).
- Eine andere Studie belegt, dass 40 % der Entscheider im B2B-Umfeld frustriert sind über eine langsame Antwortzeit ihrer Ansprechpartner (Angevine et al. 2017). Das deutet darauf hin, dass insbesondere beim persönlichen Kontakt die Unterstützung der Digitalisierung notwendig ist.
- Jeder, der im Vertrieb arbeitet und Kundenkontakt hat, weiß, dass Zeit immer eine knappe Ressource ist. Weitere Studien haben ergeben, dass durch den sinnvollen Einsatz digitaler „sozialer Technologien" die Produktivität bei Verkäufern um bis zu 25 % gesteigert werden kann (Chui et al. 2012). Hierbei sind noch nicht einmal die Zeitersparnis-

effekte inbegriffen, die durch ein probates CRM-System, das Verkäufer und Vertriebsleiter unterstützt und nicht nur den IT-Verantwortlichen dienlich ist, möglich wären. In Kap. 3 werden wir uns noch näher mit diesem Thema beschäftigen.

- Am Beispiel eines Telekommunikationsausrüsters konnte festgestellt werden, dass durch den Einsatz eines digitalen, mobilen Produktkonfigurators die Abschlusswahrscheinlichkeit zwischen 5 und 10 % gesteigert und der Gesamtwert der Abschlüsse um knapp 70 % erhöht werden konnte (Lässig et al. 2015). Selbstredend sind Produktkonfiguratoren insbesondere im erklärungsbedürftigen Umfeld nicht das Allheilmittel – an diesem Beispiel soll nur verdeutlicht werden, welche Potenziale möglich sind, wenn man die für das eigene Unternehmen sinnvollen technologischen Möglichkeiten miteinander kombiniert. Das Unternehmen profitiert unmittelbar von diesen genannten Effekten und mittelbar vom Mehrwert, der für den Kunden entsteht.

Nutzen für den Kunden

Für wen steht der herausragende Vertriebler aus beruflicher Perspektive morgens auf? Die übliche Antwort im Verkauf lautet „für den Kunden" – sie ist aber falsch. In erster Linie steht ein Vertriebsmitarbeiter dafür auf, um Gewinn für das eigene Unternehmen zu erwirtschaften. Der damit verbundene Erfolg bietet ihm die Möglichkeit, sich eigene Wünsche zu erfüllen. Dieser Erfolg wird nahezu ausschließlich über begeisterte und verblüffte Kunden erzielt, deren positive Resonanz er natürlich auch schätzt und genießt.

Nach einer Studie gehen 68 % der Vertriebsverantwortlichen unter mehreren tausend Entscheidern davon aus, dass die nächste Einkäufer-Generation komplett neue Anforderungen an den digitalen Vertrieb stellen wird (Lässig et al. 2015). Sinn- und maßvolle Digitalisierung im B2B-Vertrieb ist für die Einkäuferseite von Vorteil, weil sie dem Kunden einen spürbaren Mehrwert bietet. Durch die mannigfaltigen Kommunikationsmöglichkeiten erhält der Kunde schnellere Antworten auf seine Fragen und Wünsche. Dies kann durch das Spektrum an Möglichkeiten erreicht werden, das wir in Abschn. 1.2 näher beleuchtet werden.

Die Vorteile für den Kunden liegen auf der Hand: Aus eigener Erfahrung behaupte ich, dass 30 bis 50 % der Termine mit Kunden ohne großen Aufwand per Videotelefonat abgehalten werden können. Das spart natürlich Zeit im Außendienst – aber auch für den Kunden. Er braucht keinen Besprechungsraum zu organisieren, überflüssiger Small Talk wird auf ein Minimum reduziert, man kommt einfach schneller zur Sache. Und für diejenigen, die es schätzen: Auch das für manche Kunden wichtige „Schwätzchen nebenher" ist über ein Videotelefonat machbar. Alle vor der Corona-Krise weitverbreiteten Skeptiker, die behaupteten, Online-Telefonate wären nur ein Hype, wurden eines Besseren belehrt. Klar ist allerdings, dass man die eigene Komfortzone verlassen muss, wenn man sich zum ersten Mal mit diesen Themen beschäftigt.

Musste der Kunde früher vielleicht Tage oder gar Wochen auf einen Termin mit dem Außendienstler warten, so kann man sich heute virtuell ad hoc oder noch am selben Tag verabreden. Durch virtuelle Messen, Online-Seminare, Blogs, Video-Tutorials, Landingpages, Social Media Posts, Online-Blätterkataloge, kundeninteressebasierte und nutzenstiftende E-Mails und RSS Feeds ist es möglich, viel schneller und effizienter auf relevante Informationen zuzugreifen. Das spart auf Kundenseite enorm viel Zeit, sofern der Anbieter diese Möglichkeiten auch professionell nutzt. Wenn dieses Angebot seitens des Anbieters nicht besteht, steigt die Wahrscheinlichkeit, dass der Kunde auf einen anderen Anbieter ausweicht – entweder heute schon oder spätestens in naher Zukunft.

Diejenigen, die es dem Kunden einfach machen, werden reüssieren – so einfach ist das. Und da auf der Kundenseite die nächste Generation der Entscheider mehr und mehr das Ruder übernimmt, dürfte auch dem Letzten klar sein, dass die Nutzung der technologischen Möglichkeiten der Schlüssel dazu ist.

Die 25 % an Unternehmen, die hinsichtlich Digitalisierung des Vertriebs am besten abschneiden, also das oberste Quartil, erreichen eine stärkere Umsatz-Wachstumsperformance um den Faktor *fünf,* ein stärkeres Wachstum beim EBIT um den Faktor *acht* und einen in etwa doppelt so hohen „Return to shareholder" (Catlin et al. 2016). Schaut man sich diese Zahlen an, bedarf es wohl keiner weiteren Argumente bezüglich der Bedeutung dieses Themas. Man kann nur für die bereits erwähnten 58 % der Vertriebsentscheider, die die Digitalisierung als „nice to have" betrachten, hoffen, dass sie die Notwendigkeit der Digitalisierung bald erkennen, um nicht schon bald den Anschluss zu verlieren.

1.2 Tempo der Digitalisierung

Wer sich die Entwicklung des technologischen Fortschritts im Bereich der Digitalisierung im Vertrieb vor Augen führt, dem stockt der Atem. Der Alltag eines Verkäufers im Außendienst sah in den 1980er Jahren etwa so aus: Kundenakten wurden vor den jeweiligen Besuchstagen am Vorabend ins Auto gelegt. Die Fahrtroute musste anhand von Straßenkarten festgelegt werden. Ich selbst habe noch die Zeit der „Pager" erlebt. Mittels dieser kleinen Geräte konnte ein Hinweis geschickt werden, dass man sich doch bitte zurückmelden sollte. Alsdann

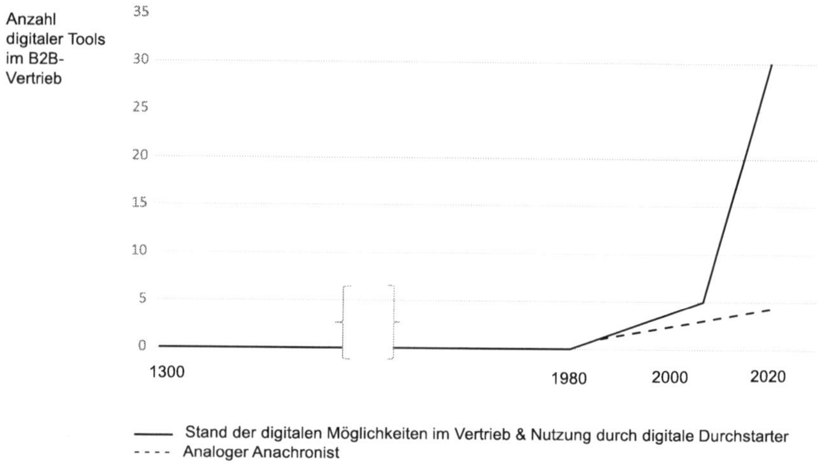

Abb. 1.1 Tempo der Veränderung von digitalen Hilfsmitteln im B2B-Vertrieb

wurde eine Telefonzelle aufgesucht. Aufträge wurden per Durchschlagpapier handschriftlich aufgenommen und entweder per Post oder, wenn es schon etwas fortschrittlicher war, per Fax an die Zentrale gesendet.

Abb. 1.1 stellt die Veränderungsgeschwindigkeit in Bezug auf digitale Technologien im Vertrieb dar.

In Anbetracht dieser rasanten Entwicklung mag der eine oder andere Unternehmensvertreter denken: „Das ist eine super Idee … machen wir leider auch nicht.“ Lassen Sie uns nun das „Dickicht“ lichten.

2 Digitale Möglichkeiten im Vertrieb

Die Anzahl der digitalen Möglichkeiten im B2B-Vertrieb hat sich derart schnell entwickelt, dass Entscheider leicht den Wald vor lauter Bäumen nicht mehr sehen. Die folgenden Kapitel bringen Licht ins Dickicht.

Ein ähnliches Phänomen erlebt man teilweise bei Unternehmenschefs und Vertriebslenkern, wenn es darum geht, sich mit der Digitalisierung im Vertrieb zu beschäftigen. Es gibt zu viele Auswahlmöglichkeiten, die den Blick für das Sinnvolle und Machbare versperren und eine fundierte Entscheidung fast unmöglich machen. Das Ergebnis ist häufig, dass das Thema wieder beiseitegelegt wird. In Abb. 2.1 sind die wichtigsten technologischen Möglichkeiten aufgelistet. Wo stehen Sie aktuell mit Ihrem Vertrieb? Machen Sie den Test für sich selbst.

Die Folge der großen Brandbreite der Möglichkeiten ist die Optionsparalyse. Vertriebslenker beschäftigen Fragen wie:

1. Welche digitalen Lösungen benötigen wir im Vertrieb tatsächlich, welche bringen uns und unseren Kunden einen spür- und messbaren Mehrwert und sind nicht ausschließlich ein Hype? Natürlich kann diese Frage nicht allgemeingültig für jedes Unternehmen beantwortet werden. Es hängt stark von Ihrer Kundenzielgruppe ab. Falls das für Ihr Unternehmen zutrifft: Lassen Sie sich bitte nicht zu sehr durch den von Ihnen wahrgenommenen, engen digitalen Horizont Ihrer eigenen Organisation desillusionieren. Nur weil Ihre IT-Abteilung bisher Anfragen aus dem Vertrieb – euphemistisch formuliert – skeptisch betrachtet, bedeutet das nicht, dass Sie nicht vom Ende her, also von dem aus Ihrer Perspektive idealen digitalen Endergebnis denken sollten. Mithilfe von Abb. 2.1 und einigen Empfehlungen in Kap. 7 können Sie Ihren eigenen digitalen Werkzeugkasten zusammensetzen. Damit dieser Werkzeugkasten Ihnen tatsächlich hilft, Ziele schneller zu erreichen, muss Ihr „digitales

S. Kober, *Digitalisierung im B2B-Vertrieb*, essentials,
https://doi.org/10.1007/978-3-658-30683-0_2

Digitales Hilfsmittel im B2B-Vertrieb	Analoger Anachronist	Mittelmaß	Digitaler Durchstarter
Herkömmliches Kundeninformationsablagesystem	rudimentär	ja	nein
Nutzung von Social Media (Xing/LinkedIn)	nein	rudimentär	zielgerichtet
Hochwertiges CRM System	nein	nein	ja
Verbindung zwischen CRM-System und Social Media	nein	nein	ja
Digitale Verbindung zwischen Vertriebsstrategie, Kundenmanagementsystem und Selbstorganisation des Verkäufers	nein	nein	ja
Kaufverhaltengestütze Vorschläge für Zusatzverkäufe, direkt an den Kunden oder an den Verkäufer	nein	nein	ja
Individualisierte Online-Zufriedenheitsabfragen	nein	rudimentär	ja
Kundenspezifisches E-Mail System mit Aktivitätsindex	nein	nein	ja
Video-Tutorials	nein	rudimentär	ja
Online Kalender (Kunde sucht sich Termin aus)	nein	nein	ja
Einsatz von Google Alerts	nein	rudimentär	ja
Unternehmensblog oder Wissensdatenbank mit Downloadmöglichkeiten und RSS Feed	nein	rudimentär	ja
RSS Feed von Kunden abonnieren	nein	nein	ja
Digitale Verzahnung von Marketing und Vertrieb (gezielter Einsatz von SEO-optimierten Websites und kundeninteressebasierte Inbound Marketingsysteme)	nein	nein	ja
Detaillierte Kenntnis über Websitebesucher mit Option der nachgelagerten gezielten Kontaktaufnahme	nein	nein	ja
Möglichkeiten der hirngerechten Produktpräsentation	nein	nein	ja
Online-Blätterkataloge	nein	nein	ja
Weiterbildungsmöglichkeiten: Kombination aus Präsenz- und virtuellem Training	nein	nein	ja
Digital optimierte Routenplanung	nein	rudimentär	ja
Abbildung von Konfigurations-, Verkaufs- und Bestellprozessen in Echtzeit vor Ort beim Kunden	nein	nein	ja
Chat-Funktion auf Website	nein	nein	fallspezifisch
Podcast	nein	nein	ja
Videotelefonate / Videokonferenzen	nein	rudimentär	ja
Online-Seminare / Webinare	nein	rudimentär	ja
Virtuelle Messen/ Online-Kongresse	nein	nein	ja
Augmented Reality	nein	nein	in Planung bzw. Umsetzung
Hologramme	nein	nein	in Planung bzw. Umsetzung

Abb. 2.1 Von der analogen zur digitalen Kommunikation im Vertrieb

Leitbild" klar definiert sein. Meist fehlt eine klare Definition, wie Unternehmen sich im Vertrieb digital aufstellen möchten. Versammeln Sie dazu Ihre besten Vertriebsmitarbeiter und definieren Sie Ihr digitales Vertriebsleitbild in 12 Monaten. Sie können diesem Zielbild beispielsweise mit folgenden Fragen einen adäquaten Rahmen geben:

- In Anbetracht der Vielzahl digitaler Lösungen: Wie sieht die optimale interne Zusammenarbeit aus? Welche Funktionalitäten wünschen Sie sich?
- Der Einsatz und die Kombination welcher digitalen Lösungen würde Ihren Kunden einen spürbaren Nutzen bieten?
- Welcher „digitale Werkzeugkasten" in der Kundenkommunikation würde in Bezug auf Ihr Unternehmen geradezu an ein Wunder grenzen, weil es damit gelänge, Kunden positiv zu verblüffen?
- Insbesondere im Hinblick auf die Verzahnung zwischen Marketing und Vertrieb: Welche Tools setzen Sie konkret ein und wie können diese effizient miteinander kombiniert werden?
- Welche messbaren Ziele möchten wir damit erreichen?

Das digitale Vertriebsleitbild sollte frei von Denkrestriktionen und bisherigen (meist negativen) gemachten Erfahrungen bezüglich Implementierung und Nutzung erstellt werden.

2. Wie kann die Implementierung aus finanziellen und zeitlichen Aspekten vertretbar ablaufen? Die Antwort auf diese Frage finden Sie in Abschn. 6.2.
3. Wie aktiviere ich die Verkäufer, diese Lösungen auch ergebniswirksam einzusetzen? Viele Unternehmen scheuen die zeitlichen und finanziellen Investitionen in digitale Hilfsmittel, weil niemand die Garantie geben kann, dass die Systeme auch wirkungsvoll genutzt werden. Sie können die Wahrscheinlichkeit, dass Ihr Team die Tools auch tatsächlich effizient nutzt, maßgeblich steigern, indem Sie folgende Punkte beachten:
   - Binden Sie die Top-Leister aus Ihrem Vertriebsteam in die Auswahl der Systeme ein. Wenn Ihr Team recht heterogen aufgestellt ist, werden Sie staunen, wie viel Erfahrung bezüglich der verschiedenen Möglichkeiten bereits vorhanden ist. Bedienen Sie sich dazu beispielsweise der unter der Frage 1) genannten Fragestellungen, um das Know-how zu erschließen.
   - Berücksichtigen Sie wann immer möglich die Anforderungen aus der Praxis. Lassen Sie nicht zu, dass Anforderungen bereits im Keim von internen Bedenkenträgern erstickt werden.
   - Bringen Sie die Meinungsführer bei einem Pilotversuch (siehe auch Abschn. 6.2) schnell in verantwortliche Positionen. Wichtig ist, dass Sie sich authentisch als Teil eines sinnvollen Projekts ansehen. Diese Multiplikatoren sind unentbehrlich, wenn es um die inoffiziellen Informationswege innerhalb der Firma geht. Dort entscheidet sich, ob das System intern angenommen wird, oder nicht – und nicht im Lasten- oder Pflichtenheft.

Der erfolgreiche Einsatz nahezu aller in Abb. 2.1 erwähnten Hilfsmittel ist mehr oder minder von der wirksamen Zusammenarbeit zwischen Vertrieb und Marketing abhängig.

2.1 Verzahnung von Marketing und Vertrieb

Die Zeiten, in denen Vertrieb und Marketing in Bezug auf die Digitalisierung getrennte Wege gingen, sind lange vorbei. Die Verzahnung zwischen Marketing und Vertrieb ist nicht aufzuhalten (Binckebanck und Elste 2016) und digitale Vorreiter beherrschen die Integration dieser beiden Disziplinen bereits bestens. Bei der Wahl des passenden CRM-Systems kann es beispielsweise sinnvoll sein, darauf zu achten, dass Kunden, die Interesse durch häufiges Klicken Ihrer

E-Mails und beim Besuch Ihrer Websites grundsätzliches Interesse an Ihrem Angebot zeigen, als interessanter Lead im Arbeitsvorrat des jeweiligen Verkäufers kenntlich gemacht werden können. Systeme wie Hubspot in Kombination mit Salesforce bieten derartige Funktionalitäten.

Auch sind beispielsweise Getresponse als E-Mail-Marketing-System und Pipedrive als CRM-System miteinander kombinierbar, um offensichtlich interessierte Kunden sofort in der CRM-Software für den Verkäufer sichtbar zu machen. Heutzutage ist es bereits Standard, dass Kunden nur mit denjenigen E-Mails versorgt werden, die sie inhaltlich weiterbringen. Fast müßig ist es zu erwähnen, das Werbe-E-Mails verpönt sind. Setzt man die elektronische Post jedoch so ein, dass der Inhalt auf das fokussiert ist, was den jeweiligen Kunden interessiert und ihm brauchbaren Nutzen stiftet, können Sie damit mittelfristig Leads generieren – weil der Kunde merkt, dass Sie Mehrwert stiften. Zudem erfassen heute alle namhaften E-Mail-Systeme, welche Ihrer Kunden gerne und häufig Ihre E-Mails anklicken (und ggfs. darüber auf Ihre Website gelangen) und verbinden das mit einem Scoring-System. Dieses zeigt Ihnen an, welche Kunden Interesse hegen und kontaktiert werden sollten. In Abschn. 4.5 sehen wir, wie wirkungsvoll verkäuferspezifische E-Mail-Verteiler sein können. Bei diesen Verteilern sind die Inhalte der E-Mails spezifisch für die Kunden des jeweiligen Verkäufers individualisiert. Die persönliche Note in der Formulierung sowie der auf den Kunden perfekt zugeschnittene Inhalt sind aktive Treiber in der Kundenloyalität.

Der Vollständigkeit halber erwähne ich, dass es heutzutage eine Grundvoraussetzung ist, dass Ihre Internetseiten für die aus Kundenperspektive relevanten Schlüsselwörter optimiert sind. Bringen Sie auf Ihren Seiten dann noch für den Kunden nutzenstiftende Inhalte, können Sie über Ihre Website Leads generieren. Wer weiß am besten, wonach der Kunde sucht? Die Mitarbeiter im Marketing sind es nicht, denn naturgemäß ist der Vertrieb dem Kunden am nächsten. Wer definiert aber in der Regel das, was auf den Internetseiten steht? Richtig, nicht der Vertrieb! Und genau da passiert bereits der nächste Fehler.

Nimmt man die Zusammenarbeit zwischen Marketing und Vertrieb ernst und lässt die Zuständigkeitskämpfe zwischen beiden Abteilungen außen vor, so ergibt sich ein höchst interessantes Feld, um für den VAD genau die Kunden anzuzeigen, die das gebrauchen können, was Ihre Firma anbietet. Das wenig zielgerichtete „Stochern im Nebel" bei der unspezifischen telefonischen Neukundenakquise – verbunden mit hoher Ablehnungsquote und genervten Anrufern kann damit ein Ende finden. Bekanntermaßen sind bereits 60 % der „Kundenreise" absolviert worden, bevor der Kunde zum ersten Mal mit dem Unternehmen in Kontakt tritt – und der weitaus größte Teil davon ist online passiert (Lässig et al. 2015).

Deshalb: „Sorgen Sie bei der Online-Leadgenerierung dafür, dass Marketing und Vertrieb eng zusammenarbeiten. Definieren Sie jeweils eine Person aus dem Vertrieb pro Kundengruppe und eine Person aus dem Marketing, welche für Keyword-Definition, Landingpage-Layout, Content-Darstellung und für eine jeweils gelungene Handlungsaufforderung zuständig sind. Entscheidend und wichtig ist hierbei, dass der Vertriebsverantwortliche sich exzellent in die „Online-Perspektive" der jeweiligen Kundengruppe versetzen kann und weiß, nach welchen Begriffen die Zielgruppe sucht und wie sie sich vermutlich auf den jeweiligen Portalen verhält. Diese Begriffe werden dann als passende Keywords in die Onlinekampagne integriert" (Kober 2020a).

2.2 Interessierten Kunden auf der Spur

Dienstleister wie Leadinspector, Salesviewer oder Leadfeeder zeigen an, welche Unternehmen sich auf Ihren Webseiten welche Produkte und Dienstleistungen angesehen haben. Einige Anbieter bieten sogar die Möglichkeit, sich mittels Videos anzeigen zu lassen, was genau der Benutzer auf der Webseite länger angeschaut hat. Sie erkennen damit präzise (inklusive Mauszeigerbewegung und getätigten Klicks), welche Bereiche der Website für welchen Kunden von hohem Interesse waren. Die dadurch gewonnenen Erkenntnisse über die Qualität Ihrer Website und das konkrete Interesse des Besuchers sind sicherlich nicht gleichwertig mit dem Augenbewegungen analysierenden Eye-tracking, jedoch kommt es dem nahe. Nach Angaben der Anbieter ist das alles konform mit aktuellen Datenschutzgesetzen. Natürlich erfahren Sie nicht, welche Person sich Ihr Angebot angesehen hat, aber Sie wissen, um welches Unternehmen es sich handelt. Wenn ein Mitarbeiter eines Unternehmens längere Zeit auf einer bestimmten Website Ihres Unternehmens verweilt, dann gibt es hierfür zwei mögliche Erklärungen: Entweder handelt es sich um einen Mitbewerber, der sich Ihr Portfolio ansieht, oder um einen potenziellen Kunden, der sich für Ihr Angebot interessiert. Da Sie wissen, um welches Unternehmen es sich handelt, können Sie direkt erkennen, ob es der Mitbewerb oder ein potenzieller Kunde ist und dann zielgerichtet telefonisch akquirieren. Nur der Vollständigkeit halber erwähne ich den Hinweis, diese gezielten Telefonate mit Maß und Mitte in seriöser und dosierter Manier durchzuführen. Denn es wäre geradezu kontraproduktiv, sollte sich der Kunde im Internet „verfolgt" fühlen. Nutzen Sie die Daten aus diesen Tools geschickt und wenn Sie erkennen, dass sich eine Firma mehrfach länger auf bestimmten Websiten Ihres Unternehmens aufhält, dann können Sie einige Tage später den Akquiseanruf folgen lassen, sollte sich der Kunde noch nicht von selbst gemeldet haben.

Gute Systeme lassen sich in die gängige CRM-Umgebung integrieren, sodass Sie bereits an diesem Punkt wieder einen Effizienzgewinn erzielen. Der Pool an Leads für die Neukundenakquise (oder den Ausbau des Bestandskundengeschäfts – denn natürlich werden auch bestehende Kunden erkannt) wächst damit fast ohne Ihr Zutun.

Ein anderes Beispiel: Die Plattform Zapier bietet vielfältige Möglichkeiten, um die Dienste verschiedener Softwareanbieter miteinander zu kombinieren. Allerdings müssen Sie dabei entscheiden, inwieweit Sie den vertraglichen Begebenheiten des jeweiligen Anbieters vertrauen. Möchte man jedoch bei der Umsetzung möglichst schnell sein und auf aktuellste Technologien setzen, kommt man aus meiner Sicht an cloudbasierten Lösungen nicht vorbei.

Nahezu jeder kennt vom Online-Händler Amazon die Empfehlung: „Kunden kauften auch …“. Verbindet man im zweiten Schritt das CRM-System mit dem ERP-System, so können dem VAD auf Basis der erworbenen Produkte aktiv Vorschläge gemacht werden, was dem Kunden einen zusätzlichen Nutzen stiften und Ihrem Unternehmen Umsatz bringen könnte. „Foxbase“ ist dazu beispielhaft ein Anbieter, der dazu eine Lösung bietet.a

2.3 Content Marketing mit Unternehmensblog

Betreibt ein Unternehmen einen Blog oder eine Wissensdatenbank, was sehr zu empfehlen ist, wenn es sich um nützlichen Content handelt, so stammen die Inhalte meistens entweder aus dem Bereich Marketing oder, soweit vorhanden, aus dem Produktmanagement. Aber: Wer sollte die Sprache des Kunden am besten kennen? Richtig, der Vertrieb. Von wem stammen die Blogbeiträge der Regel nicht? Ebenfalls richtig, vom Vertrieb. Sie erkennen den Fehler abermals. Kunden möchten sich in dem, was sie auf der Anbieter-Website lesen, wiederfinden. Also sollte zumindest ein Teil der Blogbeiträge aus der Feder eines Außendienstlers stammen. Er sollte wissen, was Kunden in einer bestimmten Zielgruppe umtreibt, nach welchen Begriffen der Kunde sucht und wie der Verkäufer mit einer Lösung seinen Kunden bereits geholfen hat. Für den inhaltlichen Aufbau eines Beitrags liefert der folgende Fragenkatalog gute Anhaltspunkte:

1. Welche Anforderungen/Probleme hatte dieser Referenzkunde?
2. Was ist/war ihm wichtig?
3. Wie haben Sie das Problem gelöst, respektive die Anforderungen (über-)erfüllt?
4. Wie profitiert Ihr Kunde nun davon (z. B. in Form von eingesparten Kosten oder Zeit, mehr Umsatz, mehr Sicherheit, einfacheren Prozessen, gestiegener Reputation, vielleicht gar mehr Freude oder Freiheit bei der Arbeit etc.)?

Das sind Themen, die Kunden wirklich interessieren – deutlich mehr als aufgehübschte und ausschließlich auf Suchmaschinen optimierte (SEO) Marketingtexte – obgleich eine *wohldosierte* Optimierung für Suchmaschinen unabdingbar ist. Ich betone *wohldosiert,* weil das lästige Wiederholen von Schlüsselwörtern nicht nur aufgesetzt oder abgenutzt wirkt und den Leser nervt, sondern auch mittlerweile von Suchmaschinen zu Recht abgestraft wird.

Natürlich ist nicht jeder Verkäufer auch ein herausragender Texter. Daher sollten Sie den Inhalt grob vom Verkäufer formulieren lassen, nach den Grundsätzen der guten Texterstellung optimieren, subtil Schlüsselwörter zur besseren Online-Sichtbarkeit einbinden, veröffentlichen und per E-Mail an den Kundenkreis schicken, der daran Interesse haben könnte. Daraus werden sich Leads ergeben, die dann wieder seitens des Verkäufers kontaktiert werden können. Diese thematische Vorgehensweise eignet sich auch für die jetzt näher beleuchteten Medien Podcast und Video.

2.4 Podcasts einfach machen

Hörbücher erfreuen sich großer Beliebtheit. Wissensverdichter wie „get abstract" sind unter anderem deswegen erfolgreich, weil sie die wichtigsten Erkenntnisse aus Büchern komprimiert zusammenfassen und zudem als Audiodatei zur Verfügung stellen. Auf diese Weise können zum Beispiel Reisezeiten genutzt werden, um sich Wissen anzueignen. Sehr wenige Unternehmen nutzen dieses Potenzial in Bezug auf die Interaktion mit ihren Kunden. Es stellt sich die Frage, warum das so ist. Warum lassen Sie Ihre Blogbeiträge nicht vertonen und erstellen Ihren eigenen Podcast?

Die finanziellen Aufwendungen dafür sind verschwindend gering und sämtliche Werkzeuge leicht und zum Teil kostengünstig zu beschaffen. Das Equipment besteht aus adäquaten Podcast-Mikrofonen von Markenherstellern, einem Schaumstoff-Reflektor-Schild, Poppschutz, Stativ, Aufnahmesoftware (Camtasia, Audacity, Adobe Audition etc.) – und schon haben Sie das notwendige Equipment beisammen. Sie brauchen dafür nicht unbedingt professionelle Sprecher. Derjenige, der spricht, durchläuft ein kurzes Sprechertraining (Föcking und Parrino 2019) und schon sollte die Aufnahmequalität ausreichen, denn sie muss nicht perfekt sein.

Warum aktivieren Sie nicht einige VAD, die sich dafür aufgeschlossen zeigen, den Podcast aufzunehmen, wenn er mit ihrem jeweiligen Themenbereich zu tun hat? Was glauben Sie, wie deren Kunden staunen, wenn sie einen Podcast vom eigenen Vertriebsansprechpartner erhalten? Zudem ist das viel authentischer, als wenn perfekte Sprecher die Vertonung übernehmen. Softwareanbieter wie Libsyn (als „Hoster" für den Podcast) und Auphonic (als Tonoptimierer) komplettieren Ihren virtuellen Werkzeugkasten, um damit innerhalb von einem Tag startklar zu sein. Für viele Unternehmen kann es sogar sinnvoll sein, den eigenen Podcast beim Musikstreamingdienst Spotify auftauchen zu lassen – viele potenzielle Kunden sind Nutzer dieser Plattform, und auch wenn Sie Ihre Bestandskunden darauf hinweisen, dass Ihr Podcast nun bei Spotify gelistet ist, ist das Ihrer Reputation sicherlich nicht abträglich, solange die Inhalte nutzenstiftend und unterhaltsam sind.

2.5 Einsatz von Videos

„Videostreaming boomt" – so eine Studie von ARD und ZDF zur Veränderung der Mediennutzung der deutschsprachigen Bevölkerung (Frees und Koch 2018, S. 408). Auch in diesem Umfeld wirken zwei Effekte: die Veränderung des Medienkonsums insgesamt und die Verjüngung der Entscheider auf Kundenseite im B2B-Umfeld.

Es geht mir nicht darum, dass 26. Imagevideo einzufordern. Davon gibt es bereits mehr als genug, und über den Effekt solcher Videos, die so manches Mal eher misstrauisch werden lassen, habe ich bereits in meinem Buch *Klartext im Vertrieb* ausführlich Stellung genommen (Kober 2020b). Eruieren Sie, wer aus Ihrem Vertriebsbereich bereit wäre, bezüglich eines Blogbeitrags in einem kleinen Video aufzutreten. Verkaufen Sie erklärungsbedürftige Produkte, dann steht der VAD beim Produkt, bestenfalls im echten Einsatz bei einem Ihrer Kunden, und erläutert in sehr kurzen Sätzen den Mehrwert für den Kunden. Dies wirkt sich auf vielerlei Weise positiv aus: Die Reputation des Verkäufers beim Kunden steigt und auch der Mitarbeiter selbst wird stolz darauf sein, ein erstes eigenes, professionelles Video erstellt zu haben.

Achten Sie jedoch auch hier auf die Details. Nahezu jeder Mitarbeiter benötigt einen kleinen „Stubs", um der eigenen Komfortzone zu entfliehen, wenn es darum geht, sich vor die Kamera zu stellen. Meine Erfahrung ist, dass selbst extrovertierte Protagonisten vor dem schwarzen Loch (die Linse der Kamera) zu Mauerblümchen werden. Gestalten Sie den Rahmen bei der Aufnahme also möglichst locker.

Tipps für die Produktion von Videos

1. Weisen Sie darauf hin, dass Sie unendlich viele Versuche haben und jeder Versuch gelöscht wird, der dem Protagonisten nicht gefällt.
2. Befreien Sie den Darsteller vom Dogma der Perfektion. Versprecher werden nicht nur „akzeptiert", sondern sind in solchen Videos überaus dienlich, wenn Sie Authentizität fördern möchten.

3. Regen Sie den Protagonisten dazu an, sich vorzustellen, er würde das, was er sagen möchte, einem seiner liebsten Kunden oder einem seiner Freunde erzählen. Sie werden feststellen, dass die Sprache dann nicht mehr so gestellt wirkt und der Auftritt natürlicher wird.
4. Als Vorbereitung für den Videotermin könnten Sie den Verkäufer bitten, sich zu dem thematischen Ansatz, wie ich ihn bereits im Unterpunkt „Unternehmensblog" (vgl. Abschn. 2.3) dargestellt habe, stichpunktartig Antworten auf einige Fragen zu notieren.
   - Welche Anforderung/welches Problem hatte dieser Referenzkunde?
   - Was ist oder war ihm wichtig?
   - Wie haben Sie das Problem gelöst respektive die Anforderungen (über-)erfüllt?
   - Wie profitiert Ihr Kunde nun davon (z. B. in Form von eingesparten Kosten oder Zeit, mehr Umsatz, mehr Sicherheit, einfacheren Prozessen, gestiegener Reputation etc.)?
5. Der Protagonist soll den Text auf keinen Fall komplett vorformulieren. Es geht ausschließlich darum, einzelne Stichpunkte vorzubereiten, die dann während der Aufnahme des Videos frei vorgetragen werden.
6. Diejenigen, die hinter der Kamera stehen, sollten dahingehend instruiert werden, dass die Erstellung des Videos beim ersten Mal viel Zeit in Anspruch nehmen kann.

Insbesondere zum letzten Punkt stellt sich auch schnell wieder die Frage nach der Effizienz und Wirksamkeit solcher Videos. Nehmen wir an, der Verkäufer wäre einen ganzen Tag damit beschäftigt, ein kurzes Video aufzunehmen. Damit könnte er an diesem Tag freilich keine anderen Tätigkeiten übernehmen. Die Frage ist, wie oft dieses Video dann abgerufen wird, sprich wie oft sich der Verkäufer in der Kundenkommunikation quasi multiplizieren kann. Nicht selten werden solche Videos häufig mehrere hundert, gar tausende Male abgerufen. Damit sollte auch dem Zahlenaffinen schnell einleuchten, dass diese Zeit gut investiert ist, solange das Video wichtigen, hier genannten Parametern folgt. Bestenfalls ist auch der Kunde bereit, selbst im Video ein kurzes Statement abzugeben, inwiefern diese Lösung ihn weitergebracht hat.

Und eine Bitte: Glauben Sie nicht, dass heutzutage das Erstellen von Videos außergewöhnlich aufwendig wäre. Die Erwartungshaltung des durchschnittlichen Kunden an die Qualität solcher Videos ist nicht, dass Ihre Videos für einen Oskar nominiert werden. Für einen Imagefilm sollten Sie eine Agentur beauftragen, für die Content-Produktion im Blog genügen eine hochwertige Videokamera mit externem Videokameramikrofon, eine Videobearbeitungssoftware (Camtasia oder Movavi) und einen Videohoster (beispielsweise Vimeo). Fragen Sie in Ihrer Firma, wer auch nur einen Hauch von Affinität für den Online- und medialen Bereich hat – Sie finden in der Regel jemanden.

2.6 Webinare/Online-Seminare

Webinare, die gerne als Online-Seminare bezeichnet werden, können sowohl auf Unternehmensebene generisch für alle Kunden als auch spezifisch pro VAD und nur für dessen Kunden angeboten werden. Prinzipiell gilt bei Seminaren: Je (kunden-)spezifischer das Themenfeld und je klarer der Nutzen einer Teilnahme an dieser (Online-)Veranstaltung ist, destor stärker ist der Impuls beim Kunden ausgeprägt, sich anzumelden.

Bezüglich dieser Kommunikationsform gilt es aus meiner Sicht zu differenzieren. Webinare rufen beim Rezipienten nicht ausschließlich positive Assoziationen hervor, weil dieses Medium häufig als verkappte Werbemaßnahme für kostenpflichtige Angebote genutzt wird. Damit ahnen Sie bereits, für welchen Einsatz ich dieses Medium nicht empfehle. Entweder ist Werbung als solche offensichtlich zu erkennen, dann ist das redlich. Versucht man jedoch, Werbung unter dem Deckmantel eines „kostenfreien Webinars“ beim potenziellen Kunden zu platzieren, ist dieser zu Recht verstimmt.

Webinare wirken dann am authentischsten, wenn der Referent im B2B-Bereich bestenfalls der Ansprechpartner des Kunden ist. Ganz konkret kann das also so aussehen, dass der Marketingbereich die Durchführung von Webinaren bezüglich des notwendigen Equipments vorbereitet. Eine Empfehlung für die Ausrüstung finden Sie in Abschn. 4.1.1.

Im nächsten Schritt wird dasjenige Gebiet bzw. die Zielgruppe definiert, für die Sie ein Webinar anbieten möchten. Es folgt eine Abfrage, welche VAD bereit wären, so ein Webinar zu führen. Daraufhin wird das Themenfeld festgelegt und der Nutzen, der für den Kunden durch das Webinar entstehen soll (in Form von Erkenntnisgewinn, sofort anwendbaren Lösungen für bestehende Probleme in der Branche etc.), herausgestellt.

Das Themenfeld stellt die Basis für die thematische Gliederung des Online-Seminars, die sich wieder an den vier Grundfragen orientieren sollte (s. Abschn. 2.3). Als nächstes folgt die Auswahl dessen, wie Sie die Inhalte präsentieren möchten. Sie können sich dazu einer Reihe von Hilfsmitteln bedienen.

Technische Hilfsmittel und Präsentationssoftware für Webinare

- **Standard PowerPoint Präsentation:** Sie ist nicht mein Favorit, weil sie zu häufig eingesetzt wird. Jedoch entsteht die oft negative Reputation von PowerPoint nicht etwa durch die Software an sich, sondern durch die falsche Handhabung derselbigen. Viele Bilder, wenig Text und sparsam dosierte Animationen helfen bei einer guten Darstellung.
- **Präsentationssoftware „PREZI" in Kombination mit „PREZI Video":** PREZI ist eine außergewöhnliche und erfrischend andersartige Variante, Informationen „hirngerechter" zu präsentieren. PREZI Video integriert die Inhalte der Präsentation in das Bild, welches von der Kamera übertragen wird. Ein wirklich interessanter Effekt. Suchen Sie nach PREZI Video und testen Sie. Achtung: PREZI Video ist derart neu, dass noch einige „Kinderkrankheiten" in Form von teils nicht erkannten Kameras besteht. Testen Sie jeweils mit der aktuellsten Version der Software.
- **Videos:** Der Einsatz von kurzen Videos (maximal 30 Sekunden bis 1 min) verdeutlicht zum Beispiel den Einsatz Ihres Produktes.
- **Whiteboard-Funktion an Ihrem Bildschirm:** Sie können das, was Sie an Ihrem Notebook per Touchscreen notieren, live auf die Bildschirme Ihrer Teilnehmer projizieren.
- **Analoges oder digitales Whiteboard:** Natürlich können Sie schlicht und ergreifend neben sich ein Whiteboard oder ein Flipchart positionieren und den Teilnehmern Ihre Inhalte dort präsentieren – im Grunde wie bei einem Präsenz-Seminar bzw. einer persönlichen Präsentation vor Ort.

Schließlich definieren Sie noch,

- welche Kunden Sie einladen möchten und welche Ziele Sie mit dem Webinar verfolgen,
- ob Sie möchten, dass sich Kunden nach dem Webinar bei Ihnen melden,
- ob Sie das Webinar kostenpflichtig oder kostenfrei anbieten. Kostenpflichtige Webinare sind völlig legitim, wenn sie einen deutlichen Nutzen stiften. Bei kostenpflichtigen Webinaren könnten Sie als zusätzlichen Mehrwert überlegen, ob Sie die Aufzeichnung des Webinars den zahlenden Teilnehmern zukommen lassen. Die ersten Webinare sollten als Übung jedoch kostenfrei sein, insbesondere dann, wenn Sie diesbezüglich bisher noch keine Erfahrungen gesammelt haben.

Abschließend möchte ich nicht unerwähnt lassen, dass auch ich unzählige Stunden geübt habe, bevor ich die ersten Online-Trainings und -Seminare tatsächlich live veranstaltet habe. Hier bewahrheitet sich folgender Gedanke: „Sieht einfach aus, ist es im Grunde auch, aber der Teufel steckt im Detail.“ Das bedeutet, dass kein Weg daran vorbei führt, den Ablauf mindestens fünf Mal „trocken“, also ohne externes Publikum, zu üben. Machen Sie sich mit dem Online-Konferenzsystem Ihrer Wahl sehr gründlich vertraut, bevor Sie „on air“ gehen.

2.7 Virtuelle Kundenmessen

Die Corona-Krise hat gezeigt, wie schnell sich Unternehmen auf geänderte Situationen einstellen müssen. Die Veranstaltungsbranche war diesbezüglich nicht ausschließlich, aber besonders stark betroffen. Quasi über Nacht mussten Unternehmen umdisponieren und ihre Kunden erreichen, ohne sie persönlich zu treffen. Anbieter wie Meetyoo oder EXPO IT bieten mittlerweile Möglichkeiten, möglichst viel von dem „Flair“ einer realen Messe virtuell zu übertragen. Naturgemäß gelingt das nicht an jeder Stelle.

Prüfen Sie für Ihr Unternehmen, ob diese neue Variante für Sie und für das, was Sie transportieren möchten, infrage kommt. Naturgemäß gilt: Je mehr Emotionen, Haptik und Atmosphäre für die Darstellung dessen, was Sie zeigen möchten, erforderlich sind, desto weniger ist dieses Mittel geeignet. Nichtsdestotrotz bieten sich erstaunlich viele Möglichkeiten. Die o.g. Anbieter bieten Demozugänge, die Sie zunächst einmal testen können.

2.8 Chatbots

Zu Chatbots, also einer automatisierten Antwortfunktion auf der Website, habe ich ein ambivalentes Verhältnis. Wenn ein Unternehmen zu suggerieren versucht, ich würde mit einem echten Menschen chatten, ich allerdings nach der ersten Frage merke, dass die Antwort aus Textbausteinen besteht, bin ich verstimmt. Auf der anderen Seite schätze ich die Möglichkeit der Echtzeitinformation auf meine Fragen. Da Kunden die schnelle Reaktionszeit mehr und mehr erwarten (Angevine et al. 2018), halte ich einen Kompromiss für sinnvoll.

Geben Sie klar zu erkennen, ob der Kunde mit einem Chatbot kommuniziert oder mit einem Mitarbeiter. Im Falle des Chatbots ist es probat, das Anliegen des Kunden zunächst grob durch vorgefertigte automatisierte Fragen zu klassifizieren. Danach informieren Sie den Kunden, ob sein Anliegen entweder sofort durch einen echten Mitarbeiter bearbeitet und beantwortet wird oder ob er per E-Mail eine Benachrichtigung bekommt – bestenfalls mit einer Angabe, bis wann man sich spätestens bei ihm gemeldet haben wird. Diese Interaktion wiederum sollte schnellst möglichst dem zuständigen VAD zugesandt werden, damit er sich darum kümmern kann. Namhafte CRM-Systeme wie beispielsweise Microsoft Dynamics CRM, Salesforce, SAP CRM, Pipedrive oder Pipeliner verbinden Online-Chatfunktionen mit dem Leadmanagement des jeweiligen Verkäufers. Eine gelungene Kombination aus Echtzeitkommunikation, dem - bei Verfügbarkeit - unverzüglichen Kontakt zum richtigen Ansprechpartner und paralleler Möglichkeit der Online-Terminvereinbarung bietet das Tool „Okomo". Der (potentielle) Kunde sieht sofort, ob der richtige Ansprechpartner derzeit verfügbar ist oder nicht und kann im Falle der Abwesenheit direkt online einen Gesprächstermin vereinbaren.

Chats können im Übrigen auch in der internen Kommunikation Vorgänge beschleunigen. Verkäufer im Außendienst müssen einen Großteil ihrer Arbeitszeit darauf ver(sch)wenden, sich um interne Prozesse zu kümmern. Wenn die oberste Maxime lautet, mit dem Kunden möglichst viel Zeit zu verbringen, muss die Zeitinvestition für interne Prozesse seitens des Verkäufers reduziert werden. Eine Chat-Konversation kann möglicherweise den internen Prozessablauf eines Sachbearbeiters stören, wenn dadurch jedoch der Verkäufer durch schnellere Regelung der Prozesse für den Kunden mehr Zeit gewinnt, wiegt das schwerer.

3 Das CRM-System

Das CRM-System ist in vielen Unternehmen ein *intensiv* diskutiertes Thema. Häufig bringt es den Protagonisten (Verkäufer, Kunde, Vertriebschef) nicht den Mehrwert, den es bieten könnte, wenn ein adäquates System effizient eingesetzt werden würde. Dieser Missstand muss für eine erfolgreiche Digitalisierung im B2B-Vertrieb beseitigt werden. Es ist dann meist nur ein schlechtes, langsames und benutzerunfreundliches Kundeninformationsablagesystem. Die Bezeichnung „Datengrab" wäre in vielen Fällen zutreffender.

Die Auswahl und Akzeptanz eines CRM-Systems hängt maßgeblich davon ab, wer die Entscheidung über die Einführung getroffen und wer das System ausgewählt hat. Ist der IT-Verantwortliche gleichzeitig auch diesbezüglich der Entscheider, ist das Projekt meistens zum Scheitern verurteilt – es sei denn, er denkt kundenzentriert und ist mit den Abläufen im Vertrieb bestens vertraut. Doch das kommt eher selten vor.

Geben Sie den Begriff „CRM-System" in Suchmaschinen ein, erhalten Sie bis zu 200.000.000 Ergebnisse. Wenn Sie aus diesen Ergebnissen eine Auswahl treffen möchten, haben Sie zwei Möglichkeiten: Entweder Sie arbeiten die Ergebnisse sukzessive ab und wählen das beste System für sich aus, dafür dürfte allerdings Ihr Berufsleben nicht ausreichen. Oder Sie legen die wichtigsten Kriterien fest, die ein CRM-System erfüllen muss, und versuchen dann, im ersten Schritt mittels eines Pilotversuchs die Umsetzbarkeit im Unternehmen zu testen.

Die Anforderungen in Bezug auf ein CRM-System sind normalerweise weder allzu kompliziert noch komplex und können in der Regel auf drei

S. Kober, *Digitalisierung im B2B-Vertrieb*, essentials,
https://doi.org/10.1007/978-3-658-30683-0_3

Grundperspektiven beschränkt werden. Die drei wichtigsten Akteure in Bezug auf ein CRM-System sind der Kunde, der Verkäufer und der Vertriebschef.

Drei Perspektiven bei der Auswahl eines CRM-Systems

1. **Die Kundenperspektive bei der Auswahl eines CRM-Systems:** Der Kunde erwartet,
   - dass er in für ihn adäquaten Abständen kontaktiert wird.
   - dass der Ansprechpartner auf Lieferantenseite genau weiß, welche relevanten Ereignisse sich in der bisherigen Zusammenarbeit zugetragen haben (positiv wie negativ).
   - dass er komprimiert und ohne Werbung aktiv über neue, ihm nutzenbringende Innovationen in Form von Produkten und Dienstleistungen informiert wird.
   - dass er bei größeren Projekten *koordiniert* von den richtigen internen Ansprechpartnern seitens des Lieferanten kontaktiert wird, um relevante Informationen auszutauschen –„koordiniert" deshalb, weil ein gutes CRM-System dabei helfen kann, das häufig entstehende unternehmensinterne Chaos in der Kundenkommunikation bei größeren Projekten zu vermeiden.
2. **Die Verkäuferperspektive bei der Auswahl eines CRM-Systems:** Der Außendienstmitarbeiter erwartet,
   - schnell, leicht zugänglich und von überall aus auf das System zugreifen zu können,
   - eine übersichtliche Darstellung auf einer Seite, welche Kundenprojekte oder Umsatzpotenziale sich in welcher Verkaufsphase befinden, um sofort erkennen zu können, ob die aktuelle Priorität Neuakquise oder die Begleitung bestehender Projekte zum Abschluss sein sollte – also ein probates Mittel zur Verbesserung der Selbstorganisation,
   - ein übersichtliches Kontaktmanagement, damit er schnell erkennt (und Vorschläge erhält), bei wem er sich wann aktiv melden sollte,
   - schnell und einfach die wichtigsten Informationen zum Kundenkontakt hinterlegen und abrufen zu können, wobei es irrelevant ist, ob wir über einen Vor-Ort-, einen virtuellen oder einen telefonischen Termin sprechen – bestenfalls können diese Informationen per Sprachnotiz oder Spracherkennungssoftware, welche das gesprochene Wort in Text verwandeln, effizient aufgenommen werden.

3. **Die Perspektive des Vertriebsleiters:** Der Vertriebsleiter erwartet,
   - auf einen Blick verlässliche Aussagen bezüglich des zu erwartenden Umsatzes, nennenswerter Kundenprojekte, Status des Umsatzpotenzials je Verkaufsphase (Anbahnungsphase/Angebotsphase/Verhandlungsphase/Abschlussphase) zu erhalten,
   - den Grad an Aktivität im Vertriebsgebiet zu erkennen, sofern „Schlechtleister" im Team sind,
   - die Verzahnung zum Marketing, um effizientes Leadmanagement von bspw. online generierten Kundenanfragen zu gewährleisten,
   - die Verzahnung mit der erarbeiteten Vertriebsstrategie, damit die daraus abgeleiteten Maßnahmen strukturiert in den „Arbeitsvorrat" des Verkäufers einfließen und damit zur Verbesserung der Selbstorganisation und Effizienzsteigerung des Verkäufers beitragen.

Diese Aufzählung erhebt keinen Anspruch auf Vollständigkeit in Bezug auf jede Branche, bildet jedoch das Gros der üblichen Anforderungen ab. Bezüglich des letztgenannten Punkts: Die Ursache vieler nicht genutzter Umsatzchancen ist häufig eine fehlende Vertriebsstrategie. Die Erarbeitung einer solchen Strategie habe ich ausführlich in meinem Buch *Feuer und Flamme für den Vertrieb* beschrieben (Kober 2019). Wenn die daraus abgeleiteten Maßnahmen in das CRM-System eingepflegt werden können, um somit die Umsetzung der Aktivitäten im wahrsten Sinne des Wortes auf dem Schirm zu haben, können Sie sich gegen mehr Effizienz, bessere Ergebnisse und auch mehr Freude im Vertrieb kaum wehren. Denn Sie wissen ja: Erfolg macht Spaß.

Daher: Sollten Sie beim Thema CRM noch eine Baustelle haben, dann lassen Sie sich von folgendem Ansatz zur Einführung eines CRM-Systems inspirieren. Selbstredend sprechen wir hier nicht von einem ausgearbeiteten Projektplan, sondern von einem Ansatz auf der Metaebene – der aber häufig schon ausreicht, um einen probaten Überblick zu erhalten.

Kriterien für die Auswahl eines CRM-Systems

1. Erstellen Sie für Ihr Unternehmen die konkreten Anforderungen je Perspektive wie beschrieben. Excel bietet sich dazu an. Falls nötig ergänzen Sie die oben genannten Punkte um Ihre individuellen Anforderungen.

2. Wählen Sie drei Anbieter namhafter CRM-Systeme aus. Übersenden Sie diesen Ihre definierten Anforderungen. Erfragen Sie, welche weiteren Informationen der Anbieter benötigt (beispielsweise bereits eingesetzte interne Systeme), um Ihnen passende Lösungsansätze zu unterbreiten, wie der Anbieter Ihre Anforderungen erfüllen möchte.
3. Daraufhin vereinbaren Sie eine Videokonferenz mit den Anbietern – Sie werden staunen, wie viel Zeit eingespart werden kann, wenn Sie Ihren Dienstleister bitten, dieses Medium einzusetzen. Der Anbieter wird dann nämlich versuchen, seine Informationen möglichst komprimiert darzustellen. Teilnehmer auf Ihrer Seite sind ein Vertreter der Geschäftsleitung, der Vertriebsleiter, eine fähige Person aus dem Innendienst sowie einer Ihrer besten und leistungsstärksten Außendienstmitarbeiter. Natürlich kann der Termin auch persönlich stattfinden – es tut dem Ergebnis selbstredend keinen Abbruch, aber per Videokonferenz sparen Sie etwas Zeit.
4. Sie bewerten in diesem Team die drei Anbieter nach den oben genannten, gegebenenfalls von Ihnen ergänzten Kriterien und fällen eine Entscheidung, mit welchem Anbieter Sie einen Test durchführen möchten. Akzeptieren Sie, wie bereits erwähnt, Unschärfen bei den internen Schnittstellen – prinzipiell sollte die Verknüpfung mit Ihren essenziellen Systemen möglich sein, aber alle weiteren Details werden später geklärt – notfalls auch gegen den Widerstand der internen IT. Die oben genannten Anforderungen aus den drei Perspektiven sind die entscheidenden, alles andere ist im ersten Schritt von untergeordneter Priorität.
5. Sie starten einen Piloten mit einem kleinen Teil des Vertriebsteams und testen das System auf Herz und Nieren. Dieses Team besteht aus Mitarbeitern aus dem Vertriebsinnendienst und den leistungsstärksten Verkäufern im Außendienst. Vier Wochen sollten genügen, um zu entscheiden, ob dieses System für Ihr Unternehmen adäquat ist oder nicht.
6. Fällt der Test negativ aus, wiederholen Sie das Procedere mit einem anderen Anbieter, fällt er positiv aus, dann rollen Sie das System auf Ihren Vertrieb aus. Erst im zweiten oder dritten Schritt kümmern Sie sich im Detail um die Schnittstellen zu anderen Systemen.

Was Sie bedenken sollten: Kein Projektmanagement-System der Welt ist in der Lage, die spezifische Situation in jedem Unternehmen individuell zu 100 % abbilden zu können. Leider wird dies jedoch in derartigen Projekten versucht, was dazu führt, dass sehr viel Zeit damit verbracht wird, Projektmeetings zu veranstalten. Daher meine dringende Empfehlung: Starten Sie mit einem rudimentären Plan wie oben beschrieben und testen Sie im „real life". Die Erkenntnisse aus dem wahren, rauen B2B-Vertriebsleben kann kein Projektmanagement antizipieren – aber nur diese echten Aufschlüsse aus dem Praxistest helfen bei der späteren praktischen Umsetzung.

Noch ein Hinweis: Die Routenplanung ist ein wichtiges, aber kein entscheidendes Kriterium, insofern sollten Sie sich bei der Auswahl Ihres Anbieters für die CRM-Software mit ihm über mögliche Optionen in seinem System unterhalten. Durch die später noch beschriebenen Methoden (s. Abschn. 4.1) wird ein Teil der Fahrten zum Kunden durch virtuelle Treffen ersetzt werden. Nichtsdestotrotz ist eine optimierte Routenplanung ein probater Hebel, um die Effizienz zu steigern. Egal, ob der Außendienst zukünftig 20.000 oder 40.000 km pro Jahr unterwegs ist: Wenn nur 10 % der Arbeitszeit im Auto eingespart werden können, reden wir schnell von 20 bis 40 Arbeitsstunden, also eine komplette Arbeitswoche je Mitarbeiter pro Jahr.

4 Digitale Kundenkommunikation

Wer glaubt, dass zukünftig nahezu sämtliche Kundenkommunikation digital ablaufen wird, unterliegt einem Trugschluss. Die wirkungsvolle Kombination aus der analogen und digitalen Kommunikation führt zum Erfolg.

Unternehmenskommunikation mit dem Kunden geschieht bei digitalen Vorreitern zwischen Marketing und Vertrieb abgestimmt (s. Abschn. 2.1) und im adäquaten Verhältnis zwischen digitaler und analoger Ansprache. Im Folgenden steht die mittelbare und unmittelbare Kommunikation zwischen dem VAD und dem Kunden im Fokus.

4.1 Der virtuelle Kundentermin

Insbesondere die Corona-Krise hat allen Beteiligten im B2B-Vertrieb gezeigt, dass die interne und externe Kommunikation über virtuelle Kanäle funktioniert – auch wenn viele dabei ihre eigene Komfortzone verlassen mussten.

4.1.1 Das Equipment

Im Folgenden zähle ich das für professionelle virtuelle Meetings erforderliche Equipment für Räume im Unternehmensgebäude oder das Homeoffice auf. Ich biete Ihnen dazu zwei Varianten an: eine sehr preiswerte, die ausreicht, damit der Kunde keinen schlechten Eindruck erhält, und eine Variante, die äußerst professionell wirkt. Bei beiden Varianten benötigen Sie natürlich eine entsprechende Videokonferenz-Software. Gängige Systeme sind Skype for Business, Zoom oder Google Hangout.

S. Kober, *Digitalisierung im B2B-Vertrieb*, essentials,
https://doi.org/10.1007/978-3-658-30683-0_4

1. **Preiswerte Variante:**
   - *Kamera: Webcam (Auflösung mindestens 1080 p) inkl. kleinem Stativ.* Die Webcams in den meisten Notebooks sind mittlerweile qualitativ in Ordnung, lassen sich jedoch nicht besonders gut ausrichten, da die Position der Kamera immer vom Winkel des Displays abhängig ist. Das führt häufig dazu, dass der Kunde von oben herab betrachtet wird, was für den ersten Eindruck und das Gespräch nicht dienlich ist. Außerdem wackelt das Bild bei der Berührung des Schreibtisches, sollte das Notebook nicht anderweitig gelagert sein – auch das ist für den professionellen Auftritt nicht gerade dienlich.
   - *Mikrofon: Lavaliermikrofon von einem Markenhersteller.* Auch virtuelle Besprechungen können länger dauern, deshalb ist es für den Kunden dann nicht besonders angenehm, wenn die Sprachqualität über die eingebauten Webcam-Mikrofone eher mäßig ist. Ein vernünftiges Lavaliermikrofon gehört zur Grundausstattung.
   - *Ausleuchtung: Ringleuchten/Videoleuchten.* Eine vernünftige Ausleuchtung ist auch bei der Einsteigervariante notwendig. Der Kunde und Sie bemerken einen gewaltigen Unterschied, ob Sie die Standard-Bürobeleuchtung verwenden oder hier in eine vernünftige Belichtung „investieren“.
   - *Hintergrund:* Bei der preiswerten Variante ist lediglich darauf zu achten, dass im Hintergrund nicht die Überreste eines Bürgerkriegs zu erkennen sind. Entweder ist eine schlichte Wand im Hintergrund zu sehen oder aufgeräumtes Büroequipment.
2. **Professionelle und hochwertige Variante:**
   Für professionelle und hochwertige virtuelle Besprechungen oder Online-Seminare sollten Sie separate Räumlichkeiten einrichten. Dies hat mehrere Gründe: Zum einen haben Sie in abgeschlossenen Räumen die nötige Ruhe, zum anderen steht das Equipment dann immer parat, um auch ad hoc Meetings abhalten zu können. Es darf keine Hürde bestehen, erst noch Licht aufbauen zu müssen, die Kamera zu positionieren oder den Hintergrund zu richten. Im Idealfall ist alles startklar, sodass lediglich der eigene Rechner und die Videokonferenz-Software aktiviert werden müssen. Das Ziel muss sein, innerhalb von fünf Minuten ein virtuelles Meeting stattfinden lassen zu können. Bei der preiswerten Variante können Sie das vom Arbeitsplatz aus machen, bei der professionellen und hochwertigen Variante ist dafür ein separater Raum notwendig. Nehmen Sie den Raum in die Besprechungsraumplanung auf, dann kann er bei Bedarf gebucht werden.
   - *Kamera:* Entweder investieren Sie in ein gebündeltes Videokonferenz-System, welches von Anbietern wie Avaya, Polycom oder Logitech angeboten wird. Dort sind dann meist bereits Komponenten wie Kameras und Mikrofone inbegriffen. Natürlich können Sie die Kamera auch separat beziehen.

- *Mikrofon:* Auch hier ist ein kabelgebundenes Lavaliermikrofon das Mittel der Wahl.
- *Ausleuchtung:* Entweder nutzen Sie herkömmliche Lichtboxen oder LED-Videoleuchten. Sparen Sie auch hier nicht am Licht, Sie wissen: Der erste Eindruck zählt.
- *Hintergrund:* Wenn Sie einen virtuellen Hintergrund darstellen möchten, empfiehlt sich hier ein farbiger Hintergrund, auch „Green Screen“ oder „Blue Screen“ genannt. Bei Videokonferenz-Systemen wie Zoom können Sie auch einen Hintergrund Ihrer Wahl einblenden. Mit den genannten „Green“ bzw. “Blue Screens“ wird die Qualität der Darstellung verbessert. Ansonsten eignet sich auch ein schlichter weißer Hintergrund.
- *Theke oder Tische:* Bei professionellen Webmeetings ist es vorteilhaft, wenn der Präsentator nicht sitzt, sondern steht. Auf diese Weise ist es möglich, die Körpersprache zum Einsatz zu bringen. Deshalb sind Stehtische empfehlenswert, denn dort kann beispielsweise ein Notebook platziert werden.
- *Computerequipment:* Ich arbeite stets mit zwei Notebooks. Auf einem läuft die Videokonferenz-Software, das zweite nutze ich, um Notizen zu machen und separate Dokumente zu sichten, die ich für den Inhalt des Online-Seminars benötige.
- *Medien zur Visualisierung:* Entweder platzieren Sie im Sichtfeld des Rezipienten, also in dem Bereich, der von der Kamera erfasst wird, ein Papier-Flipchart oder ein digitales Whiteboard, wie zum Beispiel Samsung Flip oder Microsoft Surface.

Bezüglich des preislichen Rahmens liegen Sie bei der preiswerten Variante bei maximal 500 €, bei der professionellen und hochwertigen Option können je nach Qualität der jeweiligen Komponenten schnell 5000 bis 10.000 € fällig werden.

Der ROI dieser Anschaffung ist schnell berechnet. Gehen wir von äußerst konservativen Annahmen aus:

- Ein Kundenbesuch pro Woche wird durch ein Webmeeting ersetzt.
- Durchschnittliche Zeitinvestition pro klassischem Außendienst-Kundentermin inklusive An- und Abfahrt: 4 h
- Zeitinvestition für das virtuelle Meeting (Wegfall von An- und Abreise): 1,5 h
- Zeitersparnis: 2,5 h
- Zeitersparnis pro Jahr bei 47 Arbeitswochen: 117,5 h

In der Regel ist deutlich mehr als ein Termin pro Woche substituierbar, die Reisekosten sind noch nicht einmal berücksichtigt. Wenn der VAD nur 50 % dieser Zeit für Neukundenakquise oder für das Ausbauen des Geschäfts bei Bestandskunden verwenden würde, sehen Sie, welche Effekte hiermit erreicht werden können.

4.1.2 Vorbereitung des Webmeetings

Es genügt jedoch nicht, für ordentliches Equipment zu sorgen. Auch der Protagonist, also derjenige, der mit dem Kunden interagiert, sollte sich optimal auf diese virtuelle Begegnung vorbereiten. Sie finden hier meine persönliche Checkliste, um Seminare und virtuelle Besprechungen möglichst effektiv und effizient zu organisieren und erfolgreich abzuhalten.

- Bereiten Sie beide Notebooks vor.
- Öffnen Sie die Dokumente, die während der virtuellen Besprechung gezeigt werden sollen.
- Schließen Sie alle anderen nicht notwendigen Applikationen auf dem Notebook, auf dem die Videokonferenz-Software läuft.
- Checken Sie Audio, Licht und Kamera über die Videokonferenz-Software.
- Prüfen Sie, ob die Teilnehmer die gegebenenfalls notwendigen Unterlagen im Vorfeld erhalten haben (zum Beispiel um sich Notizen zu machen).
- Vergewissern Sie sich, dass die Teilnehmer eine leicht verständliche E-Mail bzw. Einladung mit den Einwahldaten und einer Beschreibung des Einwahlprozesses erhalten haben.
- Entscheiden Sie, ob die Besprechung aufgezeichnet werden soll.
- Bei Online-Seminaren mit mehr als zehn Teilnehmern ist es empfehlenswert, im Videokonferenz-System Umfragen zu hinterlegen, um die Teilnehmer interaktiv in das Seminar einzubinden. Diese Fragen können als Lernzielkontrolle verstanden werden und Auskunft darüber geben, ob die Teilnehmer die Inhalte verinnerlicht haben.
- Stellen Sie sicher, dass Ihr Telefon umgestellt oder stummgeschaltet ist.
- Prüfen Sie, ob die Batterie des Stifts für das Touchpad aufgeladen ist.
- Schließen Sie Fenster und Türen und eliminieren Sie Geräusche aus der Umgebung.
- Stellen Sie ein Glas stilles Wasser auf Raumtemperatur bereit.
- Führen Sie Übungen zur Lockerung der Mundmuskulatur durch (hierzu empfehle ich einschlägige Lektüre zur Optimierung der Aussprache (s. Bartel 2017, Föcking und Parrino 2019).
- Bereiten Sie „Breakout Sessions" vor.

Zum letztgenannten Punkt bedarf es einiger Erläuterung. Sie können bei Anbietern wie zum Beispiel „Zoom“ Breakout Sessions veranstalten. Das bedeutet, dass Sie innerhalb des virtuellen Meetings mehrere separate virtuelle Besprechungsräume einrichten können. Zum Beispiel ist es möglich, eine virtuelle Besprechung von zehn Teilnehmern in zwei separate Räume mit jeweils fünf Teilnehmern aufzuteilen. In diesen separaten Räumen könnten beispielsweise unterschiedliche Fragestellungen bearbeitet werden, deren Ergebnisse dann nachher wieder im ursprünglichen gemeinsamen Raum zusammengeführt werden. Zur Vorbereitung solcher Breakout Sessions ist es notwendig, dass Sie zwei Co-Moderatoren bestimmen, die in den jeweiligen virtuellen Räumen das Gespräch führen, relevante Fragen stellen und den strukturierten Fortgang der Besprechung im Auge behalten. Dazu sollten Sie bestenfalls mit diesen Teilnehmern als Co-Moderatoren im Vorfeld eine separate virtuelle Besprechung anberaumen, um deren Rollen in den Breakout Sessions klar zu definieren. Wer etwas geübt ist, kann mit solchen virtuellen Räumen sehr effizient auch mit Kunden in größeren Besprechungen effizient kommunizieren. Voraussetzung ist allerdings, dass auf Kundenseite eine gewisse digitale Affinität besteht.

Zu Beginn des virtuellen Meetings sollten Sie den Teilnehmern grob skizzieren, was die wichtigsten Funktionen sind, um zum Beispiel per Textnachricht Fragen stellen zu können. Dazu genügt es, wenn Sie einen Screenshot vom Teilnehmer-Bildschirm anfertigen, diesen zu Beginn der Webtelco zeigen und die wichtigsten Bedienelemente erläutern. Das gibt dem Teilnehmer Sicherheit und regt zur Interaktion an. Blicken Sie, wann immer möglich, direkt in die Kamera, dadurch hat der Teilnehmer das Gefühl, direkt angesprochen zu werden.

Bevor Sie Ihre ersten virtuellen Besprechungen mit mehreren Teilnehmern ansetzen, sollten Sie einige Übungsläufe absolvieren. Bitten Sie interne Kollegen, sich in das Meeting so einzuwählen, als wären sie externe Teilnehmer. Zeigen Sie dann die Inhalte, die Sie präsentieren möchten – so, als wäre es das „echte“ Live-Meeting, beispielsweise mit Ihren Kunden. Es bringt Ihnen Sicherheit im Umgang mit den jeweiligen Werkzeugen, und nur so erfahren Sie, wo im Ablauf Ungereimtheiten bestehen – sei es bezüglich des Equipments, der Software oder hinsichtlich des Inhalts, den Sie zeigen möchten.

Das Spektrum, was Sie während eines virtuellen Meetings präsentieren können, ist identisch mit dem, was ich bereits bei den Webinaren bzw. Online-Seminaren umrissen habe (s. Abschn. 2.6). Nutzen Sie die vielfältigen Möglichkeiten, denn je interaktiver und interessanter Sie das Meeting gestalten, desto angenehmer wird es für Ihr Gegenüber. Finden Sie für sich und den Gesprächspartner den richtigen Mix: Der Introvertierte bevorzugt tendenziell die maßvolle

Interaktion und nicht zu viel des Guten, er schätzt eher die „aufgeräumte“ Darstellung, übersichtlich nach Zahlen, Daten und Fakten sortiert. Der extrovertierte Gesprächspartner liebäugelt schon eher mit weiteren Medien wie Videos oder einer PREZI Videopräsentation, sofern es dem Erkenntnisgewinn und/oder der Unterhaltung dient. Handhaben Sie es wie im richtigen Leben – die Menschen möchten entsprechend Ihrer Persönlichkeit angesprochen werden, daran ändert sich auch bei virtuellen Meetings nichts.

Eine gutes technisches Equipment sowie persönliche Vorbereitung sind Grundvoraussetzungen für einen gelungenen virtuellen Auftritt beim Kunden. Der Aufwand lohnt sich und der Effizienzgewinn ist immens. Diejenigen Verkäufer und Unternehmen, die diesen Effekt nach wie vor unterschätzen, werden mittelfristig auf der Strecke bleiben, weil das Verhältnis von Umsatz und Vertriebskosten in eine Schieflage gerät.

4.2 Der Kundentermin „vor Ort"

Nicht jeder Termin kann und sollte durch ein virtuelles Meeting gesetzt werden – das ist so und wird vermutlich auch für lange Zeit so bleiben. Nichtsdestotrotz kann die Digitalisierung im Vertrieb auch beim Vor-Ort-Termin für Effizienzgewinne sorgen. Lassen Sie uns diesbezüglich die klassischen Zeitfresser anschauen und überlegen, welche Möglichkeiten heute bestehen, effizienter vorzugehen. Natürlich können Sie sämtliche Optimierungsmöglichkeiten, die Sie hier lesen, auch für den virtuellen Termin anwenden.

4.2.1 Die Terminabstimmung

Online-Kalendersysteme wie zum Beispiel „Calendly“ sorgen für eine sehr hohe Transparenz bezüglich der eigenen Verfügbarkeit und ermöglichen schnelle Terminabstimmungen. Natürlich muss jeder für sich entscheiden, wie viel Transparenz gewünscht ist.

Diese Systeme lassen sich mit dem firmeninternen Kalendersystem (zum Beispiel Outlook Exchange) synchronisieren, sodass man dem Kunden beispielsweise einen Link zum eigenen Kalender zukommen lässt und der Kunde sich einen Termin aussuchen kann. In der Praxis gestaltet sich das manchmal allerdings nicht einfach, es sei denn, der eigene Kalender ist perfekt gepflegt, inklusive sämtlicher An- und Abreisezeiten. Diesbezüglich ist es hilfreich, wenn man definiert, welche Zeit dem Kunden anzeigt wird (z. B. nur Montag, Mittwoch und Freitag, jeweils vormittags). Okomo bietet an dieser Stelle gleich mehrere Optionen: Der Kunde kann seinerseits Terminoptionen anbieten, oder – falls der Ansprechpartner in Echtzeit verfügbar ist – direkt chatten, um einen Termin zu vereinbaren.

Eine weitere Variante ist, dem Kunden aus dem CRM-System Terminvorschläge zukommen zu lassen. Stellen Sie drei zur Auswahl, ist die Wahrscheinlichkeit relativ hoch, dass einer von diesen Terminen dem Kunden passt und er per Klick zusagen kann. Damit ist keine weitere Abstimmung notwendig und der Termin ist sofort in Ihrer CRM-Software, bestenfalls damit auch gleich in Ihrem Kalendersystem, vermerkt. Die Verknüpfung zwischen CRM-System und dem eigenen Kalendersystem sollte Standard sein.

4.2.2 Die Terminvorbereitung

Nehmen wir an, der VAD hätte einen Kunden per Telefon akquiriert und einen Termin vereinbart. Im Nachgang zum Telefonat sendet er diesem Kunden eine kurze E-Mail inklusive eines Links zu einem Video. In diesem Video sieht der Kunde den Verkäufer, er wird mit seinem Namen angesprochen. Der Verkäufer umreißt, warum sich der vereinbarte Termin für den Kunden lohnen wird und dass er sich auf das Gespräch freut. Wir reden hier von einem 30- bis 60-sekündigen Video.

Wenn Sie in der Vielzahl der Anbieter positiv auffallen möchten, müssen Sie Muster brechen. Ein derartiges Vorgehen eignet sich außerordentlich gut dazu. Sie benötigen dazu zusätzlich zu der in Abschn. 4.1.1 beschriebenen preiswerten Variante für das Durchführen von virtuellen Meetings eine Videobearbeitungssoftware wie zum Beispiel Camtasia oder Movavi sowie einen Account zu einem Videohoster wie beispielsweise Vimeo. Mit diesen Werkzeugen können Sie innerhalb von wenigen Minuten kurze und gleichzeitig professionell wirkende Videos erzeugen, diese zu einem Videohoster hochladen und dem Kunden den entsprechenden Link zukommen lassen. Fordern Sie Ihre firmeninterne IT heraus, denn möglich ist vieles, wenn man kundenorientiert denkt.

4.2.3 Der Termin beim Kunden

Verlassen Sie sich bei einem Kundentermin nicht ausschließlich auf die klassischen Medien zur Präsentation wie PowerPoint oder Marketingbroschüren. Das kennt und erwartet der Kunde. Dadurch brechen Sie keine Muster und sorgen auch nicht für erhöhte Aufmerksamkeit. Genau diese wertvolle Währung erhalten Sie jedoch nur, wenn Sie sich etwas Neues einfallen lassen.

Studien belegen, dass sich Menschen bei konventionellen Präsentationen lediglich einen niedrigen zweistelligen Prozentanteil dessen merken, was präsentiert wurde (Gleich 2014), was auf den meist mangelnden Bruch mit dem Üblichen bzw. auf das Fehlen von innovativen Ideen zurückzuführen ist. Meine Empfehlung ist, im Vor-Ort Termin die für den Kunden praktikable Lösung für sein Problem an einem Flipchart oder einer selbstklebenden Folie zu skizzieren. Derartige Folien erhalten Sie im Bürohandel, Hersteller ist zum Beispiel die Firma Leitz mit der Easy Flip Foil oder auch Legamaster. Man mag nun einwenden, dass diese Vorgehensweise mit Digitalisierung wenig zu tun hat. Doch auch hier zählt in erster Linie das Verlassen von ausgetretenen Pfaden. Sie werden erleben, dass der Kunde erstaunt ist, wenn Sie die üblichen Präsentationsmedien verlassen und mit ihm gemeinsam die Lösung am Flipchart bzw. auf der Folie erarbeiten. Am Ende des Termins fotografieren Sie das Arbeitsergebnis zur weiteren Verwendung in der Terminnachbereitung ab. Office Lens eignet sich beispielsweise hervorragend, um diese Bilder als Datei in der Terminnachbereitung weiterzuverarbeiten.

Digitale Durchstarter beschäftigen sich bereits jetzt damit, wie sie im Kundentermin mit virtueller Realität arbeiten können. Dazu setzen sich der Kunden und der VAD entsprechende Brillen auf und besprechen Lösungen, die dann vor dem „virtuellen Auge“ für beide „Brillenträger“ zu sehen sind. Das ist keine Zukunftsmusik, sondern technisch ohne weiteres realisierbar und sorgt mit hoher Wahrscheinlichkeit für verblüffte Kunden. Beispiele für Anbieter dazu finden Sie in Kap. 7.

4.2.4 Die Terminnachbereitung

Die bei der Terminvorbereitung beschrieben Erstellung von Videos (s Abschn. 4.2.2) können Sie auch sehr gut im Nachgang von Vor-Ort Terminen nutzen. Sie fassen die wichtigsten Punkte des Gesprächs zusammen, binden in dieses Video die im Termin skizzierten und abfotografierten Flipchart-Zeichnungen ein und stellen noch einmal den Nutzen heraus, den der Kunde hat, wenn er mit Ihnen zusammenarbeitet und Ihre Lösung anwendet. Die Software Camtasia bietet, ähnlich wie andere Anbieter, eine Möglichkeit an, das Smartphone per App direkt mit der Desktop-Anwendung zu verbinden (App: Techsmith Fuse). Somit erhalten Sie Fotos vom Smartphone direkt in der Videobearbeitungssoftware, was die Erstellung von kunden- und terminspezifischen Nachbereitungsvideos enorm beschleunigt und vereinfacht.

IT-seitige Hürden im Hinblick auf das Abspielen von Videos sollten spätestens nach der Corona-Thematik deutlich reduziert worden sein. Wer derartige Videos einige Male erstellt hat, erfährt sehr schnell, dass die Nachbereitung relativ wenig Zeit beansprucht und beim Kunden für positive Effekte sorgt. Setzen Sie heute derartige Medien zum Beispiel bei der Nachbereitung von Kundenterminen ein, können Sie recht sicher sein, mit einer der Ersten zu sein, die auf diese Art mit dem Kunden kommunizieren. Warten Sie nicht, bis es alle anderen auch tun, werden Sie zum Vorreiter!

Das allseits unbeliebte Erstellen von Außendienstberichten kann mittels längst verfügbarer Software ebenso deutlich vereinfacht werden. Moderne CRM-Systeme erlauben es, Sprache zu Text zu wandeln, wie es heute bei jedem Smartphone möglich ist. Zudem können Sie Sprachnotizen hinterlegen. Damit reduzieren Sie den Zeitaufwand für das Erstellen von Besuchsberichten auf einen Bruchteil. Darüber hinaus hat es sich als sinnvoll erwiesen, entweder zum Ansprechpartner des Kunden oder zu dessen Firmennamen einen „Google Alert" einzurichten. Sollte zu dieser Person oder zu der Firma im Internet etwas Neues gepostet werden und die Website, auf der es gepostet wurde, ist durch Suchmaschinen indexierbar, so erfahren Sie automatisch davon. Bei börsennotierten Aktiengesellschaften sollten Sie den Alert sehr spezifisch formulieren, da Sie ansonsten jede Meldung von jedem Börsenkommentator erhalten, und das bringt Sie nicht weiter.

Hat Ihr Kunde einen eigenen Unternehmensblog, sollte der zuständige VAD den RSS Feed des Blogs abonnieren, um auch diese aktuellen Informationen des Unternehmens zu erhalten.

4.3 Social Media (Xing/LinkedIn)

Viele Kunden fragen mich, wie wichtig die Teilnahme am „Social Media Wettrüsten" sei. Bei LinkedIn und Xing gilt die Devise: Ihr Unternehmen und Ihre Vertriebsmitarbeiter im Außendienst sollten dort professionell vertreten sein. Kunden informieren sich online weit im Voraus, die Kundenreise ist bis zum ersten Kontakt bereits zum größeren Teil vorbei, wie in Abschn. 2.1 erwähnt (Lässig et al. 2015). Je größer das Unternehmen ist, desto wichtiger ist, dass beide adäquat vertreten sind: Die Firma an sich und die Außendienstmitarbeiter. Die wichtigsten Faktoren, um die eigene Vertriebsmannschaft für das berufliche Engagement in B2B relevanten sozialen Netzwerken zu aktivieren, sind:

- Den eigenen Nutzen darstellen: Was bringt es dem Verkäufer im Außendienst, sich dort als Person zu positionieren? Wenn der Online-Auftritt professionell ist, dann steigt seine Reputation in der Branche (und darüber hinaus), er bringt sich in seinem Netzwerk immer wieder in Erinnerung, hält Kontakt zu Interessenten, bleibt eher in Erinnerung bei Kunden, die nicht regelmäßig kaufen, aber ebenso auf den Plattformen vertreten sind etc. Dazu muss die jeweilige Profilseite aussagekräftig sein. Welchen Nutzen bringt der Verkäufer bzw. die Firma ihren Kunden? Es klingt banal und selbstverständlich, aber: Ist das Profilfoto gelungen? Nicht die unternehmensweite Einheitlichkeit im Sinne der Corporate Identity zählt, im Gegenteil: Der eigene Stil ist wichtig. Es gilt die Redewendung: „Be a voice, not an echo." Dann sind Sie auch für den Kunden wiederkennbar und merk-würdig. Das gilt für Ihre Profilseite und für das Foto und das gilt ebenso für die Inhalte, die Sie weiterverbreiten.

- Den Umgang mit diesen Tools trainieren: Häufig werden die sozialen Medien nicht korrekt genutzt, meist aus Unkenntnis. Sorgen Sie dafür, dass Grundkenntnisse im Umgang und auch in Bezug auf die jeweilige Profilseite vorhanden und mindestens die grundlegenden Funktionalitäten bekannt sind (Kober 2019).

Der medien-affine VAD übernimmt für seine Kunden in den jeweiligen sozialen Netzwerken die „Content Curation": Er teilt und „liked" die Inhalte, die für sein Netzwerk und seine Kunden relevant sein können. Das müssen und sollten nicht ausschließlich unternehmensinterne Publikationen sein, sondern können auch Berichte von Branchenmagazinen, interessante Videos oder Links zu Interviews sein. Auch hier gilt wieder: Nutzen stiften und Informationen teilen, die Ihre Kunden weiterbringen.

Social Media richtig zu „bespielen" erfordert viel Zeit und Geduld. Plumpe Kontaktanfragen nach dem Motto „Ihr Profil ist aber interessant, daher würde ich mich freuen, wenn …" werden unverzüglich als verkappte Akquise enttarnt und werden in der Regel mit Nichtbeachtung abgestraft. Stiften Sie hingegen gleich mit der Kontaktanfrage einen Nutzen und beantworten Sie die Frage, „warum" man sich mit Ihnen vernetzen sollte, steigt die Wahrscheinlichkeit auf Annahme Ihrer Einladung. Wenn Sie den Kontakt direkt nach Annahme der Einladung dann zunächst einmal „in Ruhe lassen" und der Person Gelegenheit geben, sich erst einmal anzuschauen, was Sie so teilen und tun, dann wächst Vertrauen.

4.4 Online-Zufriedenheitsabfragen

Um es gleich auf den Punkt zu bringen: Unpersönliche, allgemeine Online-Fragebögen, mit denen Kunden regelrecht bombardiert werden, um sie nach deren Zufriedenheit zu befragen, werden in der Regel ungelesen gelöscht.

Wenn die Meinung des Kunden tatsächlich relevant ist, versenden Sie diese Zufriedenheitsabfragen nicht per Massenmail, sondern selektieren 15 bis maximal 30 Kunden aus Ihrem Bestand und schreiben diese persönlich an. Sie können davon ausgehen, dass Entscheider im B2B-Umfeld viel eher geneigt sind, fünf bis zehn Minuten für eine Umfrage zu investieren, wenn sie von ihrem direkten Ansprechpartner eine kurze E-Mail mit einem Link zu einem persönlichen 30-sekündigen Video erhalten, indem er sie bittet, die Zeit für ein kurzes Feedback zu investieren. Kombinieren Sie dazu einfach den Ansatz zum Erstellen von kurzen Videos (s. Abschn. 2.5) mit der Nutzung von Online-Fragebogen-Tools wie Surveymonkey oder Questionpro. Sie können die Umfrage ganz einfach mit einem persönlichen Video anreichern. Entweder erstellen Sie generisch ein Video für die Umfrage, oder Sie gestalten das Video individuell pro Kunde, was natürlich deutlich mehr Aufwand verursacht. Der Empfänger der Umfrage klickt dann auf den in der E-Mail befindlichen Link und sieht als erstes das kurze Video des eigenen Ansprechpartners. In jedem Fall zeigt es dem Kunden Ihre Wertschätzung für seine Meinung und erhöht die Wahrscheinlichkeit deutlich, dass Sie eine qualitativ gute Rückmeldung zu Ihren Fragen erhalten.

4.5 Verkäuferspezifische E-Mail-Verteiler

In Abschn. 2.1 haben wir das Thema E-Mail-Marketing kurz angerissen. Die volle Wirkung entfaltet E-Mail-Marketing dann, wenn der Kunde sich abgeholt und angesprochen fühlt. Wenn der Kunde merkt, dass man über die Themen spricht, die ihn umtreiben, erhalten Sie als Gegenleistung Aufmerksamkeit. Durch das Marketing formulierte E-Mails können das nur sehr bedingt leisten, denn der VAD weiß am besten, was seine Kunden zum aktuellen Zeitpunkt wirklich interessiert.

Lesen Sie hier in aller Kürze ein Beispiel für einen pragmatischen Ansatz aus der Praxis: Nehmen wir an, ein VAD wäre verantwortlich für 300 Kunden in seinem Gebiet. Bei 200 dieser Kunden hat das Unternehmen die datenschutzrechtliche Erlaubnis, E-Mails zu versenden. Der Verkäufer könnte sich nun Gedanken machen, wie viele verschiedene „Interessenscluster" sich innerhalb dieser Kundschaft bilden lassen.

- Cluster A: Interessiert sich eher für Produktbereich X, da spezielle branchenübliche Probleme und Anforderungen vorliegen.
- Cluster B: Interessiert sich eher für Produktbereich Y.
- Cluster C: Interessiert sich eher für Produktbereich Z.

Je nach Cluster könnte sich der Verkäufer also nun Gedanken machen, inwiefern er nutzenstiftende Inhalte entwickeln könnte. Dazu bietet sich die Vorgehensweise bei der Inhaltserstellung wie in Abschn. 2.3 erwähnt an.

Der VAD praktiziert damit „Content Curation" – das bedeutet, dass der Verkäufer dem Kunden Zeit und Recherchearbeit abnimmt, indem diese Zielgruppe die für sie relevanten Informationen erhält, ohne selbst danach suchen zu müssen. Mittelfristig baut sich dadurch Vertrauen in die Kompetenz des VAD auf. Je besser der VAD die Themenwahl je Cluster definiert und trifft, desto wahrscheinlicher ist es, dass der Kunde direkt auf eine derartige E-Mail mit einer Anfrage antwortet. Nimmt der VAD die Themenauswahl ernst, führt dies zu höherer Kundenloyalität und im Ergebnis auch zu mehr Umsatz.

Weiterbildungsmöglichkeiten und Selbstmanagement

5

5.1 Weiterbildung

Kaum ein Verkäufer und auch nur wenige Führungskräfte geben es gerne offen zu – aber im Bereich der Selbstorganisation ist häufig noch viel „Luft nach oben". Ein ähnliches Bild zeigt sich bei der beruflichen Weiterbildung. Andere Länder und Kontinente sind uns Deutschen weit voraus, was die Kombination von analogen und digitalen Kanälen in der Weiterbildung anbetrifft. In beiden Bereichen kann der sinnvolle Einsatz von digitalen Technologien enorm weiterhelfen.

Geht die rasante digitale Entwicklung nicht am Bereich der Weiterbildung vorbei. Obgleich es schon lange viele Möglichkeiten der Online-Weiterbildung gibt, herrschen speziell in Deutschland noch viele Vorbehalte gegenüber einer sinnvollen Kombination zwischen Präsenztrainings und dem Pendant auf virtueller Ebene. China ist uns in diesem Punkt weit voraus: Die Wachstumsrate des E-Learning-Sektors liegt in China bei 52 %, wohingegen sie in Deutschland bei gerade mal 13 % liegt (Rabe 2018). Die Vorteile der Kombination aus Präsenz- und virtuellem Training liegen auf der Hand:

- Durch Einzeltrainings oder Trainings in kleinen Gruppen kann der Trainer äußerst individuell auf die jeweiligen Trainingsbedarfe eingehen. Es gilt das Prinzip: Zielgerichtete Weiterbildung versus Gießkannenprinzip. Der Trainer kann in kleinen Lerneinheiten und kleinen Gruppen viel intensiver auf konkrete (Kunden-)Situationen des Verkäufers eingehen und spezifische Beispiele anführen, wie man die Lerninhalte in die Praxis konkret übertragen kann. Dadurch steigt die Transferleistung von Theorie zu Praxis enorm. Schöner Nebeneffekt: Trainer, deren Inhalte ausschließlich auf Theorie basieren und kaum praxistauglich sind, werden schnell entlarvt. Begleitende

S. Kober, *Digitalisierung im B2B-Vertrieb*, essentials,
https://doi.org/10.1007/978-3-658-30683-0_5

digitale Tools wie beispielsweise SLACK und TRELLO helfen dabei, mit den Teilnehmern während der Trainingsphase ständig im Austausch zu bleiben und die konsequente Umsetzung zu begleiten.
- Reisekosten können erheblich reduziert werden.
- Verkäufer investieren nur den Teil ihrer Arbeitszeit für den Bereich der Weiterbildung, der für sie jeweils relevant ist.

Die Kombination der beiden Trainingsvarianten birgt enorme Potenziale. Hier geht es nicht um „entweder – oder", sondern um die sinnvolle Synthese beider Welten.

Die Erfahrung zeigt, dass virtuelle Live-Trainings insbesondere im Bereich der Vertriebstrainings reinen E-Learning-Programmen vorzuziehen sind. Die Gründe dafür sind:

- Es gibt feste Termine, an denen die Teilnehmer sich an den Endgeräten befinden müssen (das erhöht die Priorität im jeweiligen Tageskalender).
- Der Trainer kann in Echtzeit Fragen der Teilnehmer beantworten. Insbesondere wenn es darum geht, Inhalte und Methoden in der Praxis anzuwenden, ist es enorm wichtig, dass Teilnehmer ihre eigene Vertriebspraxis schildern.
- Der Trainer kann zudem auf Vorbehalte der Teilnehmer eingehen. Das ist insbesondere bei neuen und außergewöhnlichen Ansätzen häufig nötig. Nichtinteraktive E-Learning Videos holen Teilnehmer kaum ab, wenn Einwände nicht besprochen werden können.

Herausragende Trainer sind in der Lage, sofort auf die Situation des Teilnehmers einzugehen, um mit ihm gemeinsam ein probates Vorgehen zu erarbeiten, was den Transfer in die Praxis um ein Vielfaches erhöht. Achten Sie bei Weiterbildungsanbietern also darauf, dass diese Kombination beherrscht wird und auch bereits entsprechende Erfahrungen in diesem Bereich vorliegen. Klären Sie die Eignung im Vorfeld mithilfe folgender Fragen und Bitten:

1. Schildern Sie uns ein erfolgreiches Referenzprojekt, in dem die Kombination aus Präsenz- und virtuellen Trainingsbestandteilen eingesetzt wurde.
2. Was ist Ihrer Erfahrung nach aus Sicht des Auftraggebers zu beachten, damit ein derart kombiniertes Weiterbildungsprojekt zum Erfolg führt?

3. Was können Gründe dafür sein, dass derartige Projekte nicht reibungslos starten?
4. Was sind aus Ihrer Sicht die größten Herausforderungen des Trainers, wenn es um wirksame virtuelle Trainings geht?

Verfügt der Anbieter über Erfahrungen mit derartigen Projekten, dann werden Sie zu Frage 3 beispielsweise Antworten erhalten wie:

- Es gibt Hürden der unternehmensinternen IT.
- Teilnehmern wurde der Nutzen des Programms nicht deutlich gemacht.
- Führungskräfte begleiten die Umsetzung der Inhalte nicht ausreichend.

Zu Frage 4 werden Sie Antworten erhalten wie:

- Bei längeren virtuellen Trainings die Interaktivität der Teilnehmer zu gewährleisten und den Spannungsbogen aufrecht zu halten bedarf der Vorbereitung und Planung von interaktiven Elementen. Der konkrete persönliche Mehrwert für den Teilnehmer muss stets präsent sein. Dieser Aspekt ist selbstredend auch bei Präsenztrainings äußerst relevant. Findet das virtuelle Training jedoch in der üblichen Arbeitsumgebung des Teilnehmers statt, ist die Gefahr der Ablenkung um ein Vielfaches höher. Die Effektivität des Trainings muss daher durch höchstinteressante Inhalte und ein hohes Maß an Interaktivität gewährleistet werden.
- Es ist wichtig, die Trainingsunterlagen derart (auch virtuell) zu gestalten, dass die Teilnehmer die für sie wichtigsten Erkenntnisse sofort in der Praxis anwenden können.
- Emotionen müssen auch online, sprich über Bildschirm und Lautsprecher bzw. Kopfhörer, im Training auf den Teilnehmer übergehen. Teilnehmer im Präsenztraining oder bei Vorträgen mitzureißen ist das eine – den selben Effekt auch online zu erreichen, ist schlicht und ergreifend nicht immer möglich. Jedoch sollte der Trainer in der Lage sein, den Zuschauer und Zuhörer nicht nur über das Netzwerkkabel „zu fesseln“, sondern auch über die Art und Weise, wie er die Inhalte präsentiert.

Die Beachtung u. a. dieser Punkte tragen zum Gelingen einer solchen Weiterbildungsmaßnahme bei. Nutzen Sie daher Anbieter, die sich damit auskennen und über ausreichende Erfahrungen verfügen.

5.2 Selbstorganisation

Auch wenn viele VAD es niemals offen zugeben würden, so ist doch die mangelnde eigene Selbstorganisation einer der größten Effizienzvernichter. Das liegt häufig in der Natur der Sache: Extrovertierte Verkäufer sind häufig nicht besonders strukturiert veranlagt. Verkäufer mit Spitzenleistungen kombinieren jedoch beide Eigenschaften: strukturiertes Vorgehen gepaart mit der Fähigkeit, Kunden erfolgreich zu akquirieren und das Geschäft mit ihnen auszubauen.

Wenn Sie in Suchmaschinen den Begriff „Selbstorganisation-Software" oder „Aufgabenmanagement-Software" eingeben, so werden Sie mit Ergebnissen geradezu überhäuft. Tools wie Todoist, One Note, Evernote, Office 365, Trello und viele andere stehen zur Auswahl. Alle haben gemein, dass die Erledigung von Aufgaben durch höhere Übersichtlichkeit und mehr Struktur schneller, einfacher und zeiteffizienter ablaufen soll.

Weniger Bedenken um den Datenschutz, sondern eher die fehlende Verbindung zum eigenen Lebensplan haben mich dazu veranlasst, selbst ein Tool zu entwickeln. Ich nutze dazu eine Excel-Übersicht und habe sie „Lebensstrategie" genannt, weil es meine eigenen Stärken, Werte, Wünsche und Ziele mit meinen täglichen Aufgaben verbindet. Sie können diese Übersicht hier herunterladen: https://koberaktiviert.de/buch_feuer_flamme_downloads.

Selbstkritisch gebe ich zu: Sie besticht nicht durch eine außergewöhnlich hohe Usability, bringt aber den entscheidenden Vorteil, dass die o.g. Kombination aus Wünschen und Zielen gewährleistet ist und dass die unternommenen Aktivitäten immer auf das Erreichen der Ziele einzahlen. Damit steigt die Effizienz der Aufgabenerledigung, weil man mit dieser Übersicht die wichtigsten Aufgaben in die leistungsfähige Phase des eigenen Arbeitstags legt und idealerweise mit Phasen der komplett ungestörten Arbeit kombinieren kann.

Ein gutes CRM-System kann bei der Selbstorganisation sehr hilfreiche Dienste leisten. Um nicht unnötig Zeit durch das „Eintippen" von To-dos zu verlieren, bietet sich der Einsatz von Spracherkennungssystemen wie beispielsweise Dragon Naturally Speaking oder auch von alternativen Anbietern an. Vorteil: Aufgaben können auf diese Weise unkompliziert und schnell in das System eingegeben werden, in der Regel deutlich zügiger, als über das traditionelle Schreiben über die Tastatur.

6 Zurück in die Zukunft – was noch kommt und wie die Umsetzung gelingt

Im Bereich der Digitalisierung von Zukunftsmusik zu sprechen fällt beinahe schwer, denn die Entwicklung der Tools ist so rasant, dass man häufig die ersten Töne bereits jetzt schon hört. Virtual und Augmented Reality ist diesbezüglich ein probates Beispiel, wobei zu konstatieren ist, dass bei virtuellen Vorreitern die „Digitalisierungs-Kapelle" auch diesbezüglich bereits in voller Montur in der Gegenwart, und nicht in der Zukunft, spielt. Zudem nützt alle Theorie und Planung nichts, wenn die Umsetzung nicht gelingt. Erste Ansätze dazu finden Sie hier. Lassen Sie sich von einem Anbieter in diesem Umfeld einen Test zeigen, wie das für Ihre Produkte aussehen könnte. Den digital affinen Kunden wird das ansprechen.

Es ist nur eine Frage der Zeit, bis wir Abbilder von uns per Hologramm zum Kunden projizieren können. Auch wenn wir uns das heute vielleicht nur schwer vorstellen können – schauen Sie sich Abb. 1.1 noch einmal an, was die Geschwindigkeit der Digitalisierung anbetrifft. In naher Zukunft werden wir darüber lächeln, was wir heute noch als „Zukunftsmusik" bezeichnen.

6.1 Vergessen Sie die perfekte Lösung

Mit die sicherste Methode, niemals in die Umsetzung zu gelangen, ist, es allen internen Abteilungen recht machen zu wollen, wenn es um die Digitalisierung des Vertriebs geht. Wie oft rede ich mit Entscheidern, die sich die – metaphorisch oder real – Haare raufen, weil wieder stundenlange Workshops ins Land gegangen sind, um möglichst mit allen internen Abteilungen über jede nur erdenkliche

S. Kober, *Digitalisierung im B2B-Vertrieb*, essentials,
https://doi.org/10.1007/978-3-658-30683-0_6

Schnittstelle mit bestehenden internen System zu sprechen – respektive zu verhandeln. Häufig wird der Ansatz verfolgt, dass das digitale Hilfsmittel, das der Vertrieb einsetzen möchte, möglichst zu 100 % an die vorhandenen Prozesse angepasst werden soll. Der Wunsch, dieses Ziel zu erreichen hat ähnliche Erfolgsaussichten wie das Vorhaben, in der Wüste nach Muscheln zu tauchen.

Relevante Entscheidungen bezüglich der Einführung von digitalen Hilfsmitteln im Vertrieb müssen in der Verantwortung der Vertriebsführung liegen. Der Vertriebsleiter und sein Team müssen Feuer und Flamme sein, um die Implementierung mit höchster Geschwindigkeit und Priorität voranzutreiben. Die Ursache, warum ich darauf so insistiere, ist einfach: Anderen Abteilungsleitern ist die Brisanz der Lage, welche ich in Kap. 1 skizziert habe, häufig nicht bewusst. Der Vertriebsleiter darf sich von internen Bedenkenträgern, Bremsern und Vollzeitskeptikern nicht von seinem digitalen Leitbild abbringen lassen. Denn am Ende wird *er* für etwaige schlechte Ergebnisse verantwortlich gemacht, nicht etwa diejenigen, die die Umsetzung der im Vertrieb notwendigen digitalen Voraussetzungen blockiert haben.

Digitale Hilfsmittel müssen im Vertrieb zügig eingeführt werden. Mit dem beschriebenen Anspruch der internen Omnikompatibilität funktioniert das nicht. Die Praktikabilität für den VAD und der Nutzen für den Kunden sowie für den Vertriebschef müssen bei derartigen Projekten die unangefochtene Priorität Nummer 1 sein, ansonsten ist das Projekt zum Scheitern verurteilt.

Konkret am Beispiel der Einführung eines CRM-Systems skizziert bedeutet das: Akzeptieren Sie, dass das CRM-System nicht nahtlos mit dem ERP-System kommuniziert. Entwickeln Sie Workarounds, um etwaige Schnittstellenprobleme zu lindern. Natürlich ist damit an der ein oder anderen Stelle intern mehr Aufwand in Kauf zu nehmen – das ist allerdings wichtiger, als eine gefühlte Ewigkeit an der perfekten Lösung herumzudoktern, um am Ende festzustellen, dass es die Perfektion auch diesbezüglich nicht gibt. Die Deutschen sind „Riesen", wenn es darum geht, bestehende Prozesse zu verbessern, aber „Zwerge", wenn es an der Zeit ist, nach dem ersten oder zweiten Entwurf eines in groben Zügen pragmatischen Plans einfach mal zu starten. Beachten Sie dazu den nun folgenden Ansatz zur Vorgehensweise.

6.2 Startklar für die Praxis

Überlegen Sie sich nun, wie Sie die für Sie wichtigsten Erkenntnisse möglichst zügig in Ihrer Praxis umsetzen können. Finden Sie Antworten auf folgende Fragen:

Der schlanke und schnelle Start in die Praxis

1. Was wollen wir mit der Digitalisierung im B2B-Vertriebsaußendienst erreichen?
   - In Zahlen, Daten und Fakten
   - In Bildern: Was würde für uns an ein Wunder grenzen, wenn wir das im Bereich der Digitalisierung im Vertrieb in zwei Jahren erreicht hätten?
2. Was ist der Nutzen für unsere Kunden?
3. Wer sind unsere Gegner (in derartigen Projekten häufig intern zu finden)?
4. Wen müssen wir intern gewinnen, um schnell erste Erfolge feiern zu können?
5. Wie kann ein möglichst schlanker Umsetzungsplan aussehen? (Schreiben Sie uns eine Nachricht an info@koberaktiviert.de mit dem Betreff „Umsetzungsplan" und Sie erhalten kostenfrei eine dazu passende Dateivorlage zugesendet.)
6. Was sind innerhalb des Plans sinnvolle Meilensteine?
7. Was müssten wir unternehmen, wenn uns jemand aggressiv zwingen würde, Punkt 1 nicht in zwei Jahren, sondern in sechs Monaten zu erreichen?
8. Wie kann ein möglichst schlankes Pilotprojekt schnell erste wichtige Erkenntnisse liefern, ob die Lösung für uns probat ist?

Es gibt Verfechter des Ansatzes, dass man zunächst einmal den Mitbewerb Methoden ausprobieren lassen sollte, um aus der Ferne zu bewerten, ob und wie es funktioniert. Bei der Digitalisierung im Vertrieb gibt es aus meiner Sicht kaum einen Ansatz, der kontraproduktiver sein könnte.

Ich habe vom virtuellen Vorreiter gesprochen. Sie wissen, was passiert, wenn ein Jockey auf seinem Rennpferd ständig auf seine Rennrivalen blickt, statt dem Ziel entgegen zu schauen. Er wird langsamer oder fällt vom Pferd und bleibt damit auf der Strecke.

Mein Ansinnen mit diesem essential ist es, die Unausweichlichkeit zu unterstreichen, dass das Thema Digitalisierung im Vertriebsaußendienst mit höchster Priorität zu behandeln ist. Und das bedeutet, dass jedes Unternehmen schnell eine individuelle Lösung finden muss – auch wenn sie nicht perfekt ist. Denken Sie daran:

Wichtig
„Die Welt tritt zur Seite, um jemanden vorbeizulassen, der weiß, wohin er geht.“ *David Starr Jordan, erster Präsident der Stanford-University (1851–1931)*
(Jordan o. J.)

In diesem Sinne wünsche ich Ihnen auch bezüglich der Digitalisierung im B2B-Vertrieb ein glasklares Bild, wohin Sie möchten, die Kraft, interne Widerstände zu brechen, den Mut, neue Wege zu gehen, und die Sonne des Erfolgs, wenn Sie vertriebsseitig als digitaler Durchstarter der Branche angesehen werden. Die Ausbildung zum „Digitalen Kommunikationsexperten im B2B-Vertrieb“ unterstützt Unternehmen dabei, die jeweils passenden digitalen Tools auszuwählen, intern zu implementieren und in maximaler Geschwindigkeit ergebniswirksam einzusetzen. Mehr Infos dazu erhalten Sie hier: https://koberaktiviert.de/dikomex/.

Aktivierende Grüße,
Stephan Kober.

7 Empfehlungen für die Technik-Auswahl

Hier finden Sie eine Übersicht von relevantem technischen Equipment und Anbietern digitaler Tools.

CRM-Software Microsoft Dynamics CRM, Salesforce, Pipeliner, Pipedrive, SAP CRM, Sugar CRM, Oracle, 1CRM, Zoho und viele weitere. Kaufverhalten-gestützte Produkt- oder Dienstleistungsvorschläge erhalten Sie durch Softwareanbieter wie foxbase.de.

Videohoster Vimeo, YouTube (letzterer nur bedingt, da eher für öffentliche und nicht für kundenspezifische geeignet).

Podcastbearbeitungssoftware Siehe Videobearbeitungssoftware, zusätzlich: Auphonic, Audacity.

Online-Kalendersysteme Calendly, Okomo.com – oder zusätzliche Applikationen in der jeweiligen CRM-Software (bei Pipedrive beispielsweise der „Planer").

E-Mail-Marketingsysteme Getresponse, Klicktipp, Mailchimp, Aweber und viele weitere.

All-in-one-Inbound-Marketingsysteme Hubspot und weitere.

Systeme, um interessierte Websitenbesucher ausfindig zu machen Leadinspector, Salesviewer oder Leadfeeder.

S. Kober, *Digitalisierung im B2B-Vertrieb*, essentials,
https://doi.org/10.1007/978-3-658-30683-0_7

Systeme zur Optimierung der Selbstorganisation Todoist, One Note, Evernote, Office 365, Trello oder das jeweilige CRM-System.

Anbieter von Online-Umfragen Surveymonkey, Questionpro.

Alternative Methoden zur „hirngerechten" Präsentation von Informationen PREZI und PREZI Video

Systeme zur optimierten Routenplanung Portatour, fastleansmart, Vis-mobile – oder eine entsprechende Erweiterung im CRM-System.

Chatfunktionen auf der Internetseite Diese Funktion kann häufig über das CRM System abgebildet werden, beispielsweise bei Pipedrive (über den „Leadbooster") oder bei Salesforce. Weitere Anbieter: tawk, userlike. Besonders hervorzuheben: Okomo.com, weil es äußerst nutzerfreundlich erscheint und die Chatfunktion mit weiteren Funktionen wie Videoanrufen sowie Terminvereinbarungen in einem Tool vereint.

Unverzügliche Information über bestimmte (Kunden-)Schlagworte Google Alert.

Entwicklung von Apps zur automatisierten Bestellabwicklung oder Vor-Ort-Konfigurationsmöglichkeiten Nehmen Sie entweder Kontakt mit Startups aus Ihrer Region auf, ein Beispiel dazu: FoundersFoundation in Bielefeld. Oder nutzen Sie das Know-how entsprechender Agenturen.

Virtuelle Kundenmessen Meetyo, Expo IT.

Augmented/Virtual Reality Raumtänzer GmbH, tepcon GmbH.

Hologramme Holoco Display, 3dit.

Videokonferenzsysteme (häufig gleichzeitig Anbieter von Webinarsystemen) Google Hangout, Zoom, bluejeans, lifesize, GoToMeeting, GoToWebinar, Webinarjam.

Videobearbeitungssoftware Camtasia (inkl. Techsmith Fuse), Movavi.

Technisches Equipment *1) Kamera:* Webcam (Auflösung mindestens 1080 p) inkl. kleinem Stativ; alternativ: gebündeltes Videokonferenzsystem Avaya,

Polycom oder Logitech. *2) Mikrofon & Kopfhörer:* Lavaliermikrofon und In-Ear Kopfhörer von einem Markenhersteller. *3) Ausleuchtung:* Ringleuchten/Videoleuchten; alternativ: herkömmliche Lichtboxen oder LED-Videoleuchten. *4) Hintergrund:* entweder schlichte Wand, aufgeräumtes Umfeld oder Büroequipment bzw. Bücherregal; alternativ: Blue- oder Greenscreen. *5) Theke oder Tische:* um bei stehender Präsentation Notebooks etc. zu platzieren. *6) Medien zur Visualisierung:* Papier-Flipchart oder digitales Whiteboard, z. B. Samsung Flip oder Microsoft Surface.

8 Das Wichtigste in wenigen Sätzen

Digitale Durchstarter werden durch den gezielten Einsatz von digitalen Tools ihre Effizienz steigern und Kunden positiv verblüffen. Dies mündet in steigende Erträge – nicht ausschließlich begründet durch gesunden Menschenverstand, sondern auch durch die in diesem essential dargelegten Fakten.

S. Kober, *Digitalisierung im B2B-Vertrieb*, essentials,
https://doi.org/10.1007/978-3-658-30683-0_8

Was Sie aus diesem *essential* mitnehmen können

- Die Digitalisierung im B2B-Vertriebsaußendienst verdient höchste Priorität.
- Der erste Schritt besteht darin, dass Sie Ihr digitales Vertriebs-Leitbild erarbeiten.
- Sie wissen nun, wie Sie die für Sie relevanten Tools auswählen.
- Implementieren Sie konsequent auch gegen interne Widerstände – immer unter Berücksichtigung der drei Protagonisten: Kunde, Verkäufer, Vertriebsleiter.

S. Kober, *Digitalisierung im B2B-Vertrieb*, essentials,
https://doi.org/10.1007/978-3-658-30683-0

Literatur

ADAC (2010) „Mobilität_in_Deutschland“. https://www.adac.de/_mmm/pdf/statistik_mobilitaet_in_deutschland_0111_46603.pdf. Zugegriffen: 31. März 2020

Angevine C, Plotkin, C L, Stanley J (2018) „The Secret to Making It in the Digital Sales World: The Human Touch | McKinsey“. https://www.mckinsey.com/business-functions/marketing-and-sales/our-insights/the-secret-to-making-it-in-the-digital-sales-world. Zugegriffen: 29. März 2020

Angevine C, Plotkin C L, Stanley J (2017) „When B2B Buyers Want to Go Digital – and When They Don’t | McKinsey“. https://www.mckinsey.com/business-functions/mckinsey-digital/our-insights/when-b2b-buyers-want-to-go-digital-and-when-they-don’t. Zugegriffen: 01. April 2020

Bartel E (2017) Einfach besser sprechen: So gelingt ein starker Auftritt. Mainz London Berlin Madrid New York Paris Prague Tokyo Toronto: Schott Music GmbH & Co. KG.

Binckebanck L, Elste R (Hrsg.) (2016) Digitalisierung im Vertrieb: Strategien zum Einsatz neuer Technologien in Vertriebsorganisationen. Wiesbaden: Springer Gabler

Catlin T, Harrison L, Plotkin C L, Stanley J (2016) „How B2B Digital Leaders Drive Five Times More Revenue Growth than Their Peers | McKinsey“. https://www.mckinsey.com/business-functions/marketing-and-sales/our-insights/how-b2b-digital-leaders-drive-five-times-more-revenue-growth-than-their-peers. Zugegriffen 01. April 2020

Föcking W, Parrino M (2019) Starke Stimme – Stark im Job. Ihr Trainingsprogramm für mehr Überzeugungskraft im Beruf. Berlin – Heidelberg, Springer-Verlag

Frees B von, Koch W (2018) „ARD/ZDF-Onlinestudie 2018: Zuwachs bei medialer Internetnutzung und Kommunikation“. http://www.ard-zdf-onlinestudie.de/files/2018/0918_Frees_Koch.pdf. Zugegriffen: 14. April 2020

Gleich M (Hrsg.) (2014) Der Kongress tanzt: begeisternde Veranstaltungen, Tagungen, Konferenzen ; ein Plädoyer und Praxisbuch. Wiesbaden: Springer Gabler

Jordan D S (o. J.) „Die Welt tritt zur Seite um jemanden vorbeizulassen, der weiß, wohin er geht.“ Das Zitat des Tages. https://daszitatdestages.tumblr.com/post/159565239064/die-welt-tritt-zur-seite-um-jemanden. Zugegriffen: 06. April 2020

Kober S (2019) Feuer und Flamme für den Vertrieb. So entwickeln Sie Ziele, für die Ihr Team brennt. Wiesbaden: Springer Gabler

S. Kober, *Digitalisierung im B2B-Vertrieb,* essentials,
https://doi.org/10.1007/978-3-658-30683-0

Kober S (2020a) „B2B-Vertrieb: online oder offline? Online und offline." https://kober-aktiviert.de/vertriebsdigitalisierung/. Zugegriffen: 03. April 2020

Kober S (2020b) Klartext im Vertrieb. Wie Sie mit entwaffnender Ehrlichkeit Vertrauen aufbauen und Kunden gewinnen. Wiesbaden: Springer Gabler

Lässig R, Leutiger P, Frey A, Hentschel S, Tornier S, Hirt (2015) Die digitale Zukunft des B2B-Vertriebs. https://www.rolandberger.com/publications/publication_pdf/die_digitale_zukunft_des_b2b_vertriebs.pdf. Zugegriffen: 06. April 2020

Chui M, Manyika J, Bughin J, Dobbs R, Roxburgh C, Sarrazin H, Sands G, Westergren (2012) „The Social Economy: Unlocking Value and Productivity through Social Technologies | McKinsey". https://www.mckinsey.com/industries/technology-media-and-telecommunications/our-insights/the-social-economy. Zugegriffen: 02. April 2020

Rabe L (2018) Statistiken zum Thema E-Learning. https://de.statista.com/themen/1371/e-learning/. Zugegriffen: 08. April 2020

Winkelmann P (2013) Vertriebskonzeption und Vertriebssteuerung: Die Instrumente des integrierten Kundenmanagements – CRM. München: Vahlen

Riering B (2015) Reinhold Würth: Der rastlose Ruheständler. https://www.deutsche-handwerks-zeitung.de/der-rastlose-ruhestaendler/150/4562/290873. Zugegriffen: 15. April 2020

Printed in Germany
by Amazon Distribution
GmbH, Leipzig

22608552R00043